计算机信息技术与通信工程

周　林　丁小峰　秦超杰　著

中国商业出版社

图书在版编目（CIP）数据

计算机信息技术与通信工程 / 周林，丁小峰，秦超杰著. -- 北京 : 中国商业出版社，2024. 11. -- ISBN 978-7-5208-3222-9

Ⅰ. TP3； TN91

中国国家版本馆CIP数据核字第2024C9G811号

责任编辑：袁　娜

中国商业出版社出版发行

（www.zgsycb.com　100053　北京广安门内报国寺1号）

总编室：010-63180647　编辑室：010-83128926

发行部：010-83120835/8286

新华书店经销

天津和萱印刷有限公司印刷

*

787毫米 ×1092毫米　16开　12.25印张　215 千字

2024 年 11 月第 1 版　2024 年 11 月第 1 次印刷

定价：68. 00 元

* * * *

（如有印装质量问题可更换）

前　言

在21世纪的科技洪流中，计算机信息技术与通信工程作为现代社会的神经系统，正悄无声息地编织着全球的信息网络，驱动着人类文明的车轮滚滚向前。计算机信息技术与通信工程的交织发展，如同双螺旋结构，不仅支撑起互联网的骨架，更赋予了其无限的生命力与创造力。从微小的芯片到浩瀚的网络空间，每一寸时空变化都镌刻着科技进步的痕迹。

本书深度剖析了计算机信息技术与通信工程领域的主要成就，旨在为该领域的专业人士及抱有浓厚兴趣的读者提供一份全面而深入的读物。首先，书中介绍了信息技术的坚实基础，详细解析了计算机硬件系统与软件系统的运作原理，为读者勾勒出计算机技术的宏观框架，确保读者能够建立起对该领域的基本认知。随后，本书深入探索了一系列进阶主题，包括但不限于智能信息处理的技术、卫星通信网络的架构与应用、计算机网络与通信技术、传输层的深入解析以及计算机网络信息安全技术的最新进展、电子信息技术的应用，深化读者对关键技术环节的理解与掌握。最后，本书对大数据技术给予了特别的关注，力图培养读者解决复杂问题的能力，并启发其创新思维。

书中所述，虽经多方考究，但仍可能存在疏漏与不足之处，恳请各位读者不吝赐教。期望通过不断的修正与完善，本书能够与时俱进，更好地服务于广大读者，成为联结过去智慧与未来创新的坚固纽带。在此，对所有贡献智慧与努力的先驱者致以最深的敬意。愿本书能激发更多灵感火花，促进技术交流，共绘计算机信息技术与通信工程更加辉煌的未来图景。

作者

2024年1月

目　录

第一章　计算机技术基础

第一节　信息技术的原理

一、信息

到目前为止，我们已经无数次地听到“信息”这个词，并且看到也体会到信息时代带给社会和个体的一系列冲击与变革。广而言之，信息普遍存在于自然界和人类社会，它与物质、能量一起成为物质世界的三大组成要素，它是人类赖以生存与发展的宝贵资源。社会学家们预测它会随着科学技术的蓬勃发展而成为三个要素之首，今后各国将为控制信息而不是控制能源而战。那么，到底什么是信息？

（一）信息的概念

信息的含义在不同的领域是不同的。有人认为，信息就是消息，是具有新内容、新知识的消息；有人认为，信息就是情报，是对我们有价值的情报。我们无需去研究哪些定义更确切，但关于信息有两点应该明确：①信息在客观上是反映某一客观事物的现实情况；②信息在主观上是可接受、可利用的，并指导我们的行动。

信息的广义定义：信息是一种已经被加工为特定形式的数据。这种数据形式对接收者来说是有确定意义的，对人们当前和未来的活动产生影响并具有实际价值。

信息系统工程中对信息的理解是：①信息是表现事物特征的一种普通形式；②信息是数据加工的结果；③信息是数据的含义，数据是信息的载体；④信息是帮助人们作出决策的知识；⑤信息是由实体、属性、价值所构成的三元组。

信息论的奠基人维纳曾经说过：信息就是信息，不是物质，也不是能量，信息是人们在适应外部世界并且使之反作用于外部世界的过程中，同外部世界交换内容的名称。

信息是一个不断发展和变化的概念，并且以其不断扩展的内涵和外延，渗透到人类社会和科学技术的众多领域，信息与材料、能源一起，被称为现代社会和科技发展的三大支柱。信息的增长速度和利用程度，已成为现代社会文明和科技进步的重要标志之一。

数据与信息是信息系统中最基本的术语。数据是指记载下来的事实，是客观实体属性的值。数据的记载方式可以是多种多样的，主要可分为数值型、文字型、语音型和图形图像型等多种类型。

如果科学地给信息下个定义，信息就是客观存在的一切事物通过物质载体所发出的情报、指令、数据、信号中所包含的一切可传递和可交换的知识内容。它是世界上一切事物的状态和特征的反映。当事物的状态和特征不断发生变化时，就会不断地产生信息。

（二）信息的形态

在当代，由于科学技术的发展，信息一般表现为四种形态：数据、文本、声音和图像。

1. 数据

数据通常被人们理解为“数字”，这不算错，但不全面。从信息科学的角度来考察，数据是指计算机能够生成和处理的所有事实、数字、文字、符号等。当文本、声音、图像在计算机里被简化成“0”和“1”的原始单位时，它们便成了数据。人们储存在“数据库”里的信息自然也不仅仅是一些“数字”。尽管数据先于计算机存在，但是，导致信息经济的出现正是计算机处理数据的这种独特能力。

2. 文本

文本是指书写的语言——“书面语”，以表示它同“门头语”的区别。

从技术上说，口头语言只是声音的一种形式。文本可以用手写，也可以用机器印刷出来。虽然计算机可以代替人们写字，但手写的文字永远具有魅力，不可忽视。在人类目前所处的发展阶段，计算机已经学会识别手写的文字，一旦需要，它还能为协议、合同等“验明正身”。

3. 声音

声音是指人们用耳朵听到的信息，在目前的经济阶段，人们听到的基本上是两种信息——说话的声音和音乐。无线电、电话、唱片、录音机、计算机等，都是人们用来处理这种信息的工具。

4. 图像

图像是指人们能用眼睛看见的信息。它们可以是黑白的，也可以是彩色的；它们可以是照片，也可以是图画；它们可以是艺术的，也可以是纪实的；它们可以是一些表述或描述、印象或表示——只要能被人们看见就行。经过扫描的一页文本和数据的图像，也被视为一个单独的图像——虽然新的程序能再次改变这个图像。复印机、传真机、打印机、扫描仪是四种不同的但基本上又发挥类似功能的机器，所以很可能会在将来的某个时候合而为一。当然，从技术处理难度来说，在静态的图像和动态的图像、自然的图像和绘制的图像之间，仍存在着很大的差别。

二、信息技术的概念

在信息时代，财富的源泉不再是土地、石油或金钱，而是“知识”，促使这一变化出现的正是信息技术革命。20世纪中期，微电子技术、计算机的发明，随后出现的各种信息技术及以信息技术为主导的产业，导致了20世纪70年代末至20世纪90年代初以信息技术演变为特征的技术革命。它集新材料、计算机、数据通信、自动控制、激光等技术为一体，成为世界经济和社会发展的动力，推动人类社会进一步向信息化时代迈进。

信息技术是指在数据和信息的创建、存储与处理以及知识的创造中使用的大量物品和技能。在现实生活中，人们常常将信息、数据和知识混用，这是错误的。数据是原始事实、图形和细节，而信息是数据的有组织、有意义和有用的解释，知识是对一组信息和如何最佳使用这组信息的理解。举例来说，一个班级期中考试结束以后，某门课程每个学生的成绩就是数据。经过一系列计算，得出班级的平均分是80分，这就是信息。将平均分与教师对学生的预期进行比较，教师获得了学生对这门课程学习程度的认知，这些认知成为教师在后期教学时改进的依据。

数据和信息是由信息技术处理的，信息技术包含三个主要成分：计算机、通信网络和信息技术的知识。

（一）计算机

计算机是指任何能够在得到指令后接受、处理、存储和显示数据的电子系统。

按照计算机的主要性能指标，如基本字长、主存容量、运算速度、外围设备的配置以及指令系统的功能和系统软件的配置情况等，可将计算机分成巨型、大型、中型、小型和微型等各种类型。

1. 巨型计算机（Super Computer）

巨型计算机是各类计算机中价格最贵、功能最强的一类。在现代科技领域，尤其是国防尖端技术中，有些数据量特别大的应用要求计算机既有很快的速度，又有很大的存储容量。以图像处理为例，一帧1024×1024的图像，包括10^6个像素单元，如果要求实时处理（例如每秒处理数十帧），所需的速度与容量连大型机也不能满足，所以巨型机应运而生。

2. 大型主机（Mainframe）

大型主机又被称为大型电脑，包括我们通常所指的大型计算机和中型计算机。其特点是大型、通用，具有很强的处理和管理能力，主要用于银行、大公司、规模较大的高校和科研院所，它们以大型主机为核心组成计算中心。

3. 小型计算机（Mini Computer）

小型计算机又被称为迷你电脑，与大型机相比成本低，维护也比较容易。小型机用途广泛，可用于科学计算和数据处理，也可用于生产过程的自动控制和数据采集及分析处理等。

4. 个人计算机（Personal Computer）

个人计算机简称PC机。它虽然问世较晚，却发展迅猛，初学者接触和认识计算机，多数是从PC机开始的。PC机的核心是中央处理器（Central Processing Unit，CPU）。由于它经常由一些集成在一块半导体芯片上的运算器、控制器和寄存器组成，因此也被称为微处理器（Micro Process or Unit，MPU）。

轻、小、(价)廉、易(用)是PC机的主要特色。在过去几十年里，PC机使用的CPU芯片的集成度平均每两年增加一倍，处理速度提高一倍，价格却降低一半。随着芯片性能的提高，许多新功能如虚拟存储、高速缓存（Cache）、精简指令集（RISC）等都从小型机或主机下移到PC机上，使小小的微型机就能完成以前大型机才能完成的任务。今天，PC机的应用已遍及社会的各个领域：从工厂的生产控制到政府的办公自动化，从商店的数据处理到家庭的信息管理，几乎无处不在，无所不用。PC机的销售量，在台数与金额上都已超过主机与小型机，高居计算机销量的榜首。

在以台式机（Desktop Computer）为主导的PC机发展过程中，便携式PC机（包括膝上机、笔记本电脑和掌上电脑等）的发展也在近十年里取得了可喜的成就。与移动电话相似，这类PC机的最大特点是便于携带，可利用电池供电在室外甚至旅途中使用。

5. 工作站（Workstation）

工作站是介于PC机和小型机之间的一种高档微型机。高档工作站的性能接近小型机甚至低档大型主机。一般来说，工作站大多具有大显示屏幕、大容量存储器等，通常用于图像处理、计算机辅助设计等特殊的信息处理领域。

（二）通信网络

通信（Communication）是在计算机网络出现以前已有的技术。在早期的海战中人们使用旗语简单地传递信息，后来出现了电话、电报等完善的通信系统，再后来计算机网络的出现实现了多媒体通信，现代通信网络由此基本形成。

通信是信息技术中一个不可分割的组成部分。一般来讲，通信是为了交换信息，而数据是信息的载体。数据涉及信息的表现形式，是通信双方交换的具体内容。

数据有模拟数据和数字数据之分。模拟数据是连续变化的，在一定的范围内有连续的无数个值。模拟数据在现实世界中大量存在，我们说话的声音就是一个典型的例子。

计算机中使用数字数据。计算机的电路只有高、低两种电平状态，分别表示二进制数字“1”和“0”，用某种编码方式可以将它们编为计算机系统所使用的二进制代码，用这些代码表示的数据就是数字数据。如果用它表示声音，数值是离散的，只有有限个值。

数据是通过信号（Signal）进行传输的。在发送数据前要把它转换成某种物理信号，用它的特征参数表示所传输的数据，比如电信号的电平，正弦电信号的幅值、频率和相位，电脉冲的幅值、上升沿和下降沿，光脉冲信号的有和无等。

传输信号也有模拟信号和数字信号之分。模拟信号是数据的特征参数连续变化的信号，而数字信号是离散的信号。例如，把模拟的话音转换为电信号进行传输，使电信号的幅值与声音大小成正比，它是幅值连续变化的模拟信号。如果把二进制代码的“1”和“0”直接用高、低两种电平信号表示，进行传输，传输信号的幅值只有离散的两种电平。

传输信号是在信道（Channel）上传输的。所谓信道是指连接通信双方的传输线路，主要是传输介质，如双绞线、光纤等，也包括线路中用于恢复信号的装置，如放大器、中继器等。

采用模拟信号传输数据的信道称为模拟信道，采用数字信号传输数据的信道称为数字信道。

历史上，电话系统一直在通信领域占统治地位。它是一个模拟通信系统，模拟的声音在模拟信道上传输。随着技术的发展，很多国家把电话主干线改造为数字干线，先将模拟的话音转换为数字数据，然后在数字信道上传输，这种方式被称为数字传输，而原来使用模拟信道的传输方式被称为模拟传输。

数字信道有更高的传输质量。它传输的是由二进制的“1”和“0”组成的数字信号。一般编码为高、低电或脉冲上升沿、下降沿两种状态，因而有相当大的容差范围，即使传输过程中有一定的信号畸变，也不会影响接收端的正确判断，正确还原的概率非常高。

数据通信（Data Communication）是在20世纪50年代后随着计算机技术的发展而发展起来的，它将计算机技术和通信技术结合起来实现数据的传输，是计算机网络中使用的通信技术。

数据通信中，数据用一定的编码方式编为计算机系统所使用的二进制代码，如美国信息交换标准代码（American Standard Code for Information Interchange，ASCH）就是一种常用的代码。因此，数据通信是指用二进制代码表示的数据的通信，这个术语中的数据一词与前面所讲的一般化的概念有些不同，它实际上是指计算机中的数字数据。

数据通信一般使用数字信道进行传输，但有时也使用模拟信道进行传输。之所以这样，是因为它可以利用已有的非常普遍的模拟电话网来传输计算机数据，这是一种廉价的传输方式，节省了大量的线路投资。

（三）信息技术的知识

当今时代是信息时代，是知识经济时代，当今社会唯一不变的真理是社会在不断地发展和变革。新技术、新知识的不断涌现，要求每位公民必须养成独立学习的态度和方法，在日常工作中不断增长认知，知道何时需要信息、在何处检索信息，具备正确评价信息和有效利用信息的综合能力。因此，有了计算机，有了通信网络，就必须要有一些利用这些技术的知识。也就是说，信息时代的个体必须要知道如何探索和利用信息技术。掌握信息技术的知识，是利用信息技术的个体应该具备的素养。

信息素养（Information Literacy）一词最先由美国信息产业协会主席保罗·泽考斯基（Paul Zurkowski）于1974年第一次使用，其内涵有三个方面：一是在具体问题中使用相关信息；二是具有利用信息和主要信息源的技能与知识；三是利用信息解决具体的问题。

信息素养是一个不断发展的概念，它的内涵也随时间的发展而发生变化。在这个倡导终身学习和强调知识创新的学习型社会中，信息素养已成为每位要求进步的公民终身学习和知识创新的必备技能，成为社会公民人文素质的一部分，是公民在人文社会信息知识、信息意识、信息技术等方面形成的稳定的、基本的、个性化的心理品质。信息素养已成为评价人才综合素质的重要指标。在当今这个信息爆炸的社会，信息用户必须具备独立完成信息获取、传输、加工、处理、利用和反馈的能力；能够识别、评价和过滤形式多样的信息；掌握获取信息的“钥匙”，变被动接受信息为主动获取信息；有效地将信息融入现存的知识体系中，创造性地利用信息解决实际问题。

三、信息技术的相关原理

任何事物的发展都是有规律的，科学技术也是如此。按照辩证唯物主义的观点，人类的一切活动都可以归结为认识世界和改造世界。从科学技术的发展历史来看，人类之所以需要科学技术，是因为科学技术可以为人类提供力量、智慧，能够帮助人类不断地认识和改造世界。信息技术的产生与发展也正是遵循着“为人类服务”这一规律。

（一）信息技术的功能

信息化是当今世界经济和社会发展的大趋势。为了迎接世界信息技术迅猛发展的挑战，世界各国都把发展信息技术作为新世纪社会和经济发展的一项重大战略目标，加快发展本国的信息技术产业，争抢经济发展的制高点。

因此，作为信息时代的个体，我们应该对信息技术的功能有较为清楚的认识，只有这样才能真正地适应信息时代。

我们将从本体功能方面来分析信息技术的功能特征。

对信息技术本体功能的认识可以有很多视角。如果从延伸人类感觉器官和认知器官的角度来分析，那么信息技术的本体功能主要表现在对信息的采集、传递、存储和处理等方面。

1. 信息技术具有扩展人类采集信息的功能

人类可以通过各种方式采集信息，最直接的就是用眼睛看、用鼻子闻、用耳朵听、用舌头尝。另外，我们还可以借助各种工具获取更多的信息，例如，用望远镜我们可以看得更远，用显微镜可以观察微观世界……

据统计，信息社会的信息量每38个月就翻一番，科学知识每年的增长率从20世纪60年代的9.5%提高到20世纪80年代的12.5%。进入20世纪90年代，人类的知识则以每七八年翻一番的速度增长。如此庞杂的知识仅靠传统的信息获取方式采集显然是不够的。现代信息技术尤其是传感技术和网络技术的迅速发展，极大地改善了人类难以突破时间和空间的限制来采集信息的不足，拓展了人类采集信息的功能。

2. 信息技术具有扩展人类传递信息的功能

千百年来，信息的载体几乎没有变化，到如今主要的载体依旧是声音、文字和图像。信息传递的媒介却经历了多次大的革命，从书报杂志到邮政电信、广播电视、卫星通信，再到信息传递国际互联网络等现代通信技术的出现，每一次进步都极大地改变了人类的社会生活，尤其是人类的时空概念。计算机网络特别是国际互联网的出现，使得跨越时间、跨越国界和跨越文化的信息交往成为可能，这在很大程度上扩展了人类传递信息的功能。

3. 信息技术具有扩展人类存储信息的功能

在教育领域中曾流行“仓库理论”，人们认为如果大脑是存储事实的仓库，那么教育就是用知识去填满仓库。学生知道的事实越多，收集的知识越多，就越有学问。因此，“仓库理论”十分重视记忆，认为记忆是存储信息和积累知识的最佳方法。但是在信息社会里，信息总量迅速膨胀，进行如此多的信息存储如果光靠记忆显然是不可能的。现代信息技术为信息存储提供了非常有效的方式，例如缩微技术，将各种信息资源存储于计算机软盘、硬盘、光盘以及因特网的各个终端，这样就有效地减轻了人类的记忆负担，同时也提高了人类存储信息的能力。

4. 信息技术具有扩展人类处理信息的功能

人们用眼睛、耳朵、鼻子、手等器官就能直接获取外界的各种信息，经过大脑的分析、归纳、综合、比较、判断等处理后，产生有价值的信息。但是在很多时候，有非常复杂的信息需要处理，例如一些繁杂的航天、军事数据等，如果用人工处理的方式就会耗费非常大的精力，这时就需要一些现代的辅助工具，如计算机技术。在计算机被发明以后，人们将处理大量繁杂信息的工作交给计算机来完成，用计算机来收集、存储、加工、传递各种信息，效率大为提高，极大地提高了人类处理信息的能力。

由此，我们可以简单概括：传感技术具有延长人的感觉器官收集信息的功能，通信技术具有延长人的神经系统传递信息的功能，计算机技术具有延长人的思维器官处理信息和决策的功能，缩微技术具有延长人的记忆器官存储信息的功能。当然，对信息技术本体功能的这种认识是相对的、大致的，因为在传感系统里也有信息的处理和收集，而计算机系统里既有信息传递过程，又有信息收集过程。

（二）信息技术的好处

1. 信息技术增加了政治的开放性和透明度

信息化、网络化使人们更加容易利用信息技术，通过互联网获取广泛的信息，并主动参与国家的政治生活。

各级政府部门不断深入发展电子政务工程。政务信息的公开增加了行政的透明度，加强了政府与公众的互动；各政府部门之间的资源共享增强了各部门的协调能力，从而提高了工作效率。政府通过其电子政务平台开展的各种信息服务，为公众提供了极大的便利。

2. 信息技术促进了世界经济的发展

信息技术的发展催生了一个新兴的行业——互联网行业，使得人们的生产、科研能力获得极大提高。通过互联网，任何个人、团体和组织都可以获得大量的生产经营以及研发等方面的信息，使生产力得到进一步的提高。基于互联网的电子商务模式使得企业产品的营销与售后服务等都可以通过网络进行，企业与上游供货商、零部件生产商以及分销商之间也可以通过电子商务实现各种交互。这不仅仅是一种速度方面的突飞猛进，更是一种无地域界限、无时间约束的崭新形式。传统行业为了适应互联网发展的要求，纷纷在网上提供各种服务。

3. 信息技术的发展造就了多元文化并存的状态

①网络媒体开始形成并逐渐成为"第四媒体"。互联网同时具备有利于文字传播和有利于图像传播的特点，因此能够促成精英文化和大众文化并存的局面。②互联网与其他传播媒体的一个主要区别在于传播权利的普及。③互联网造就了一种新的文化模式——网络文化。基于各种通过网络进行的传播和交流，网络文化已经逐渐拥有了一些专门的语言符号、文字符号，形成了自己的特色。④信息技术改善了人们的生活。信息技术使人们的生活更加便利，远程教育也成为现实。虚拟现实技术使人们可以通过互联网尽情游览缤纷的世界。⑤信息技术推动信息管理进入了崭新的阶段。信息技术作为扩展人类信息功能的技术集合，对信息管理的作用十分重要，是信息管理的技术基础。信息技术的进步使信息管理的手段逐渐从手工方式向自动化、网络化、智能化的方向发展，使人们能全面、快速而准确地查找所需信息，更快速地传递多媒体信息，从而更有效地利用和开发信息资源。

第二节　计算机硬件系统

一、计算机硬件

1946年，美籍匈牙利科学家冯·诺依曼提出了计算机的设计思想，即以二进制和程序存储控制为核心的通用电子数字计算机体系结构，明确规定了计算机由运算器、控制器、存储器、输入设备和输出设备五大部分组成。多年来，虽然计算机系统在性能指标、运算速度、工作方式等方面有了很大变化，但基本结构没有脱离冯·诺依曼的思想，都属于冯·诺依曼计算机。

（一）运算器和控制器

运算器（Arithmetic Unit）是整个计算机系统的核心，主要由执行算术运算和逻辑运算的算术逻辑单元（Arithmetic Logic Unit，ALU）、累加器、状态寄存器、通用寄存器组等组成。

算术逻辑单元的基本功能为加、减、乘、除四则运算，“与”“或”“非”“异或”等逻辑操作以及移位、求补等操作。计算机运行时，运算器的操作和操作种类由控制器决定。运算器处理的数据来自存储器，处理后的结果数据通常送回存储器，或暂时寄存在运算器中。运算器与控制器共同组成了CPU的核心部分。

控制器是指挥计算机的各个部件按照指令的功能要求协调工作的部件，是计算机的神经中枢和指挥中心，由指令寄存器（Instruction Register，IR）、程序计数器（Program Counter，PC）和操作控制器（Operation Controller，OC）等部件组成。在系统运行过程中，不断地生成指令地址、取出指令、分析指令、向计算机的各个部件发出微操作控制信号，协调整个计算机有序地工作。控制器主要分为组合逻辑控制器、微程序控制器。两种控制器都有各自的优点与不足，其中组合逻辑控制器的结构相对复杂，但优点是速度较快；微程序控制器的结构简单，但在修改一条机器指令功能时，需对微程序进行全部重编。

（二）存储器

主存储器（Main Memory）简称“主存”，是计算机硬件的一个重要部件，其作用是存放指令和数据，并能由中央处理器（CPU）直接随机存取。现代计算机为了提高性能，同时兼顾合理的造价，往往采用多级存储体系，即由存储容量小、存取速度高的高速缓冲存储器与存储容量和存取速度适中的主存储器构成。主存储器是按地址存放信息的，存取速度一般与地址无关 。32位（bit）的地址最大能表达4GB的存储器地址。这对大多数应用来说已经足够，但无法满足某些特大运算量的应用和特大型数据库的需求，因此引入64位结构。

主存储器一般采用半导体存储器，与辅助存储器相比，有容量小、读写速度快、价格高等特点。计算机中的主存储器主要由存储体、控制线路、地址寄存器、数据寄存器和地址译码电路等五部分组成。

1. 主存的存储容量

在一个存储器中容纳的存储单元总数通常称为该存储器的存储容量。存储容量用字数或字节数（B）来表示，如64KB、512KB、10MB。外存中为了表示更大的存储容量，采用MB、GB、TB等单位。其中1KB=1024B，1MB=1024KB，1GB=1024MB，1TB=1024GB。现在的计算机基本上都是以GB为存储单位。

2. 主存的技术指标

①存储容量。它指在一个存储器中可以容纳的存储单元总数，表现为存储空间的大小，单位为B。

②存取时间。它指启动到完成一次存储器操作所经历的时间，表现为主存的速度，单位为ns。

③存储周期。它指连续启动两次操作所需间隔的最小时间，表现为主存的速度，单位为s。

④存储器带宽。它指单位时间里存储器所存取的信息量，它是衡量数据传输速率的重要技术指标，单位为b/s（位/秒）或B/s（字节/秒）。

⑤字地址。它指存放一个机器字的存储单元，通常被称为字存储单元，相应的单元地址被称为字地址。

⑥字节地址。它指存放一个字节的单元，被称为字节存储单元，相应的地址被称为字节地址。

3. 主存的分类

（1）RAM

随机存储器（Random Access Memory，RAM）存储单元的内容可按需随意取出或存入，且存取的速度与存储单元的位置无关。这种存储器在断电时将丢失其存储内容，故主要用于存储短时间使用的程序。

①RAM的组成。RAM由存储矩阵、地址译码器、读/写控制器、输入/输出、片选控制等几部分组成。

存储矩阵。它是RAM的核心部分，是一个寄存器矩阵，用来存储信息。

地址译码器。它的作用是将寄存器地址所对应的二进制数译成有效的行选信号和列选信号，从而选中该存储单元。

读/写控制器。访问RAM时，对被选中的寄存器进行读操作或写操作，是通过读写信号来进行控制的。读操作时，被选中单元的数据经数据线、输入/输出线传送给CPU；写操作时，CPU将数据经输入线/输出线、数据线存入被选中单元。

输入/输出。RAM通过输入/输出端与计算机的CPU交换数据，读出时它是输出端，写入时它是输入端，一线两用，由读/写控制线控制。输入/输出端数据线的条数，与一个地址中所对应的寄存器位数相同，也有的RAM芯片的输入/输出端是分开的。通常，RAM的输出端都具有集电极开路或三态输出结构。

片选控制。由于受RAM的集成度限制，一台计算机的存储器系统往往由许多RAM组合而成。CPU访问存储器时，一次只能访问RAM中的某一片（或几片），即存储器中只有一片（或几片）RAM中的一个地址接受CPU访问，与其交换信息，而其他片RAM与CPU不发生联系，片选就是用来实现这种控制的。通常一片RAM有一根或几根片选线，当某一片的片选线接入有效电平时，该片被选中，地址译码器的输出信号控制该片某个地址的寄存器与CPU接通；当片选线接入无效电平时，则该片与CPU之间处于断开状态。

②RAM的分类。按照存储信息的不同，随机存储器又分为静态随机存储器（Static RAM，SRAM）和动态随机存储器（Dynamic RAM，DRAM）。

SRAM在不断电的情况下能一直保持信息不丢失，读取速度快，但容量小、价格高。存储原理：由触发器存储数据；优点：速度快、使用简单、不需刷新、静态功耗极低；缺点：元件数多、集成度低、运行功耗大。

DRAM中的信息会随着时间逐渐消失，需要定时对其进行刷新以维持信息不丢失。DRAM读取速度较慢，但它的造价低廉、集成度高。存储原理：利用MOS管栅极电容上的电荷来记忆信息，需刷新（早期：三管基本单元；后期：单管基本单元）。优点：集成度远高于SRAM，功耗低，价格也低。缺点：需刷新而使外围电路复杂，也使存取速度较SRAM慢。在计算机中，DRAM常用作主存储器。

（2）ROM。只读存储器（Read Only Memory，ROM）主要用来存放一些固定的程序，如主板、显卡和网卡上的BIOS（Basic Input Output System）就固化在ROM中，因为这些程序和数据的变动概率都很低。与RAM不同的是，ROM中的数据要一次性写入，而不能改写，且ROM中的程序和数据不会因为系统断电而丢失。随着ROM存储技术的发展，一种用于主板BIOS的可擦除、可编程、可改写的EEPROM已出现，并被广泛使用，实现了主板BIOS的在线升级，为BIOS性能的提高提供了可能。

①ROM的组成。ROM由地址译码器、存储体、读出线及读出放大器等部分组成。ROM是按地址寻址的存储器，由CU给出要访问的存储单元地址。ROM的地址译码器是与门的组合，输出是全部地址输入的最小项（全译码）。位地址码经译码后有2^n种结果，驱动选择2^n个字，即$W=2^n$。存储体是由熔丝、二极管或晶体管等元件排成$W \times m$的二维阵列（字位结构），共W个字，每个字m位。存储

体实际上是或门的组合，ROM的输出线位数就是或门的个数。因为它工作时只是读出信息，所以可以不必设置写入电路，这使得其存储单元与读出线路比较简单。

②ROM的工作过程。CPU经地址总线送来要访问的存储单元地址，地址译码器根据输入地址码选择某条字线，然后由它驱动该字线的各位线，读出该字的各存储位元所存储的二进制代码，送入读出线输出，再经数据线送至CPU，如图1-1所示。

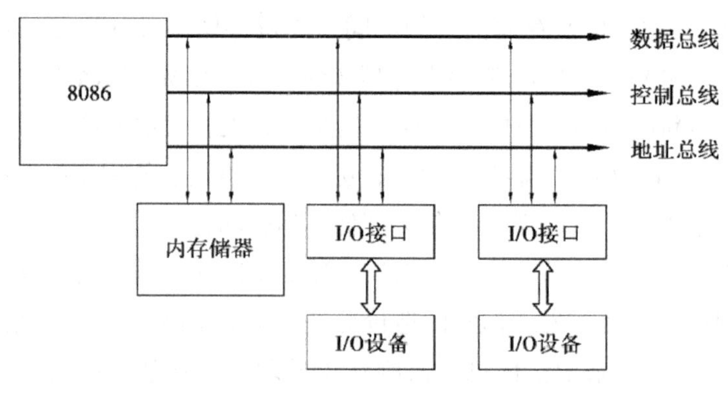

图1-1　ROM的工作过程

（三）输入设备和输出设备

输入设备用来接收用户输入的数据、程序，并转换为计算机能够识别和接受的形式，存储到内存中去。常用的输入设备有键盘、鼠标、扫描仪、光笔、数字化仪、声音识别系统、触摸屏、数码相机等。

输出设备是将存储在计算机内部的信息转换成人们所能接受的形式。常见的输出设备有显示器、打印机、绘图仪等。

二、计算机的基本性能指标

计算机的性能是由它的系统结构、指令系统、硬件组成、软件配置等多方面的因素综合决定的。计算机的性能可从以下几个指标来进行大体评价。

（一）运算速度

运算速度是衡量计算机性能的一项重要指标，一般采用主频（CPU时钟频率）来描述运算速度。例如，配置为PentiumI/800的计算机主频为800MHz，

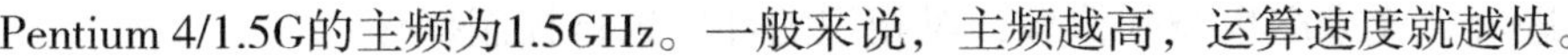

Pentium 4/1.5G的主频为1.5GHz。一般来说，主频越高，运算速度就越快。

（二）字长

计算机在同一时间内处理的一组二进制数的位数称为计算机的字长。在其他指标相同时，字长越长，计算机处理数据的速度就越快。

目前微型计算机大多是32位字长，如PentiumI、Pentium4系列微机。

（三）内存储器的容量

内存储器容量的大小反映了计算机即时存储信息的能力。随着微型计算机内存成本的降低、计算机操作系统不断升级、应用软件不断丰富及其功能不断扩展，计算机的标准内存容量也在不断提高。

（四）外存储器的容量

外存储器的容量通常是指硬盘容量。外存储器的容量越大，可存储的信息就越多，可安装的应用软件就越丰富。

固态硬盘都是2.5寸及PCI-E接口的，速度在200～500MB/s，PCI-E接口的速度在450～3500MB/s，固态硬盘的随机读写速度是机械硬盘的数千乃至数万倍。

（五）配置的外围设备和软件

计算机允许配置外围设备的种类、数量和外围设备的性能指标也是衡量计算机性能的重要指标。同时，计算机的性能指标还包括系统软件及相关的应用软件等。

计算机的性能指标之间不是彼此孤立的，在实际应用时应该把它们综合起来考虑。

三、硬件设备——主机

主机是计算机的运算和控制中心，包含在主机箱内，由主机板、CPU、内存以及各种电源线和信号线组成。主机箱中还包括电源、硬盘驱动器、软盘驱动器、光盘驱动器等外部存储设备以及显示卡、声卡，还可安装网卡、调制解调器等外部设备。

（一）CPU

CPU也叫作微处理器，是一块高度集成化的芯片，由运算器、控制器和一些寄存器组成，是整个微机运算和控制的核心部件，是计算机的心脏。它根据内存中的指令进行计算或产生控制信号，对相应的部件进行控制操作。

（二）主板

系统主板是计算机中最大的一块集成电路板。主板上有控制芯片组、CPU插座、BIOS芯片、内存条插槽，系统板上也集成了软盘接口、硬盘接口、一个并行接口、两个串行接口、两个USB（Universal Serial Bus，通用串行总线）接口、AGP（Accelerated Graphics Port，加速图形接口）总线扩展槽、PCI（Peripheral Component Interconnect，外设部件互连标准）局部总线扩展槽、ISA（Industry Standard Architecture，工业标准结构）总线扩展槽、键盘和鼠标接口以及一些连接其他部件的接口等。

主板分为AT结构和ATX结构。AT结构的主板最初应用于IBMPC/AT机上，并且因此而得名。英特尔公司提出了名为ATX（AT eXternal）的新型主板结构规范，它针对AT主板的缺点，对板上元件布局作了优化，配合ATX电源，还可以实现软关机（Soft Shutdown，通过程序完成关机）和Modem远程遥控开关机（Remote On）等先进功能。ATX主板需要配合专门的ATX机箱使用。

主板的结构与性能还能通过总线结构与扩展槽来表现。

（三）内存

内存是主机的一个重要组成部分。内存现在都是以内存条的形式插在主板上的，在主板上有内存条插槽，可以根据需要来选择配置不同的内存。目前流行的微型计算机内存容量为几个GB或几十个GB。

计算机配置的内存可分为SDRAM（Synchronous DRAM，同步动态存储器）和DDR（Double Data Rate，双倍数据速率）两种。SDRAM主要用于一些老主板，目前的主流内存是DDR。在容量相等的情况下，两根4GB的内存条组成双通道模式可以比单独安装一根8GB内存条获得更高的性能。需要注意的是，不同的主板支持不同型号的内存，在选择内存条时要注意与主板匹配。

第三节　计算机软件系统

一、系统软件

系统软件是指管理、控制和维护计算机系统资源的程序集合，这些资源包括硬件资源与软件资源。例如，对CPU、内存、打印机的分配与管理；对磁盘的维护与管理；对系统程序文件与应用程序文件的组织与管理等。常用的系统软件有操作系统、各种语言处理程序和一些服务性程序等，其核心是操作系统。

系统软件是计算机正常运行不可缺少的，一般由计算机生产厂家或软件开发人员研制。一些核心的系统软件程序，在计算机出厂时直接写入ROM芯片，例如：系统引导程序、基本输入输出系统（BIOS）、诊断程序等。多数系统软件直接安装在计算机中，如操作系统；也有一些保存在活动介质上供用户购买，如语言处理程序。

（一）操作系统

操作系统（Operating System，OS），用于管理和控制计算机硬件与软件资源，是由一系列程序组成的。操作系统是系统软件的核心，任何其他软件必须在操作系统的支持下才能运行。通常所说的系统平台就是指操作系统。目前常用的操作系统有Windows、Unix、Linux、OS/2等。

（二）计算机语言

计算机语言是程序设计的工具，因此又被称为程序设计语言。程序设计语言一般分为机器语言、汇编语言和高级语言三类。机器语言是计算机所能识别的语言。用机器语言编写的程序由一条条机器指令组成，它们是二进制形式的指令代码，无须翻译，计算机即可直接识别和运行。汇编语言是一种面向机器的程序设计语言，为了便于理解与记忆，采用英文单词或缩写助记符代替机器语言的指令代码。机器语言和汇编语言都是面向机器的语言，被称为低级语言。

高级语言是采用接近自然语言的字符和表达形式，并按照一定的语法规则来编写程序的语言。高级语言可分为面向过程的语言和面向对象的语言。目前应用比较广泛的面向过程的语言包括BASIC、FORTRAN、PASCAL、C等。

面向对象的语言有C++、Java、Visual Basic等。这些语言可视化编程的功能强，更方便Windows环境下各领域的程序设计。

（三）数据库管理系统

数据库管理系统的作用就是管理数据库，具有建立、编辑、维护、访问数据库的功能，并为数据提供独立、完整、安全的保障。按数据模型的不同，数据库管理系统可分为层次型、网状型和关系型三种类型，FoxPro、Oracle、Access等都是典型的关系型数据库管理系统。

（四）网络管理软件

网络管理软件主要是指网络通信协议及网络操作系统。其主要功能是支持终端与计算机、计算机与计算机以及计算机与网络之间的通信，提供各种网络管理服务，实现资源共享，并保障计算机网络的畅通无阻和安全使用。

二、应用软件

除了系统软件以外的所有软件都被称为应用软件，是由计算机生产厂家或软件公司为支持另一应用领域、解决某个实际问题而专门研制的应用程序。例如，Office套件、计算机辅助设计软件、图形处理软件、解压缩软件、反病毒软件等。用户通过这些应用程序完成自己的任务。例如，利用Office套件创建文档，利用反病毒软件清理计算机病毒，利用解压缩软件解压缩文件，利用图形处理软件绘制图形等。

在使用应用软件时一定要注意系统环境，也就是说运行应用软件需要系统软件的支持。在不同的系统软件下开发的应用程序要在对应的系统软件下运行。例如，EDIT编辑程序和ARJ解压缩程序在DOS环境下运行，Office套件和WinRAR解压缩程序在Windows环境下运行。

三、Windows系统

用户界面：Windows以其图形用户界面（GUI）而闻名，它允许用户通过鼠标点击图标、菜单和窗口来操作计算机，而非使用命令行输入。

多任务处理：支持同时运行多个应用程序，用户可以在不同程序之间切换，提高了系统使用效率。

兼容性：广泛支持各种硬件设备和第三方软件，这得益于其庞大的生态系统和开发者社区。

更新与升级：微软定期发布更新版本或新版本，以增加新功能、改进性能和修复安全漏洞。

内置应用和服务：包括文件管理器、网络浏览器（最初是Internet Explorer，现在主要是Microsoft Edge）、邮件客户端、媒体播放器等。

主要版本概览。

Windows 1.0–3.1x（1985—1994年）：Windows的早期版本，开始引入图形用

户界面。

Windows 95/98/ME（1995—2000年）：引入了更先进的GUI、即插即用技术、对因特网的支持增强。

Windows NT系列（1993年）：为企业市场设计，更加稳定和安全，NT系列最终演变为后来主要的Windows版本。

Windows 2000：面向商业用户的版本。

Windows XP（2001年）：非常成功且长寿的版本，因其稳定性和易用性受到广泛欢迎。

Windows Vista（2006年）：引入了Aero界面、用户账户控制（UAC）等新特性，但因性能问题和兼容性问题受到批评。

Windows 7（2009年）：修正了Vista的问题，提升了性能和稳定性，广受好评。

Windows 8/8.1（2012—2013年）：引入了触控友好的"开始屏幕"和Windows Store应用，但在初期因界面变化较大而引起争议。

Windows 10（2015年）：带回了开始菜单，并强调跨平台统一性，支持传统桌面应用和现代UWP应用。

Windows 11（2021年）：最新主要版本，引入了全新的用户界面设计、开始菜单改进、更好的多任务处理能力以及对Android应用的支持。

每个版本的Windows都在前一版本的基础上进行了改进和创新，以适应不断变化的技术环境和用户需求。

四、其他计算机操作系统

（一）Mac OS操作系统

Mac OS（现称mac OS）是苹果公司为其Macintosh系列个人电脑设计和开发的操作系统。mac OS是基于Unix的图形化操作系统，以其优雅的用户界面、高效的性能、与苹果硬件的紧密集成以及良好的稳定性和安全性而著称。下面是关于mac OS的一些重要信息和特点。

发展历史：Mac OS的历史可以追溯到1984年的System 1，它是首个在商用领域取得成功的图形用户界面操作系统。随着时间的推移，它经历了多个重大版本迭代，包括System 7、Mac OS 8、Mac OS 9，直到2001年苹果公司推出了基于Unix

内核的Mac OS X（后来简称为OS X，再后来更名为mac OS），标志着Mac操作系统的一个新时代的到来。

mac OS X及以后：从Mac OS X开始，操作系统采用了名为Darwin的开源内核，结合了FreeBSD和Mach微内核技术。这一转变带来了更强的稳定性、安全性和对现代技术的支持。mac OS X之后的版本通常以加州地名来命名，例如Yosemite、El Capitan、Sierra、High Sierra、Mojave、Catalina、Big Sur、Monterey等。

特色功能：mac OS以其直观的用户界面、Spotlight搜索、Finder文件管理器、Time Machine备份、Siri语音助手、FaceTime视频通话、iCloud同步、App Store应用商店以及一系列内置创意和生产力工具而闻名。此外，mac OS支持运行iOS应用，进一步丰富了应用生态。

与硬件的集成：mac OS专为苹果公司自家设计的硬件优化，提供了紧密的软硬件集成体验，包括Touch ID、Force Touch触控板、T2安全芯片等功能的支持。

开发者友好：mac OS也是开发者的一个热门平台，它内置了Xcode开发环境，支持Swift和Objective-C编程语言以及对iOS和mac OS应用开发的强大工具集。

总之，mac OS不仅是日常用户高效工作和娱乐的平台，也是创意专业人士和软件开发者钟爱的操作系统，其以独特的设计哲学和用户体验在全球范围内拥有大量忠实用户。

（二）DOS操作系统

磁盘操作系统（Disk Operating System，DOS）是个人计算机历史上非常重要的一种操作系统，特别是在20世纪80年代和20世纪90年代初期。DOS最著名的版本是由微软公司开发的MS-DOS，它最初是为IBM PC设计的。以下是关于DOS操作系统的详细信息。

起源与发展：DOS起源于1981年，随着IBM PC的推出，MS-DOS 1.0也随之面世。它基于QDOS（Quick and Dirty Operating System）进行了修改和发展。直至1995年Windows 95发布之前，DOS一直是IBM PC兼容机上最普遍使用的操作系统。尽管Windows逐渐成为主流，但DOS系统作为后台程序在Windows中仍在一段时间得以保留，用户可以通过运行“命令提示符”（CMD）来访问DOS环境。

命令行界面：DOS没有图形用户界面，用户需要通过输入命令行指令来操作计算机，如复制文件（COPY）、删除文件（DEL）、查看目录内容（DIR）等。

单用户、单任务：一次只能有一个用户登录系统，并且一次只能运行一个程序。

磁盘与文件管理：提供基本的文件和磁盘管理功能，包括格式化磁盘、创建和删除文件夹、文件操作等。

配置文件：系统设置存储在CONFIG.SYS和AUTOEXEC.BAT两个文本文件中，用户可通过编辑这些文件来定制系统启动时的配置。

可执行文件扩展名：可执行文件通常以.COM或.EXE为扩展名。

版本迭代：从MS-DOS 1.0开始，历经多次版本升级，包括MS-DOS 6.22这样的经典版本，直到MS-DOS 7.1，后者伴随Windows 95和Windows 98发行。每个新版本都带来了性能改进和新功能的问世，如磁盘压缩、内存管理和更好的硬件支持。

兼容性和多样性：除了MS-DOS，市场上还有其他厂商的DOS版本，如PC-DOS（IBM公司开发，与MS-DOS高度兼容）、DR-DOS、FreeDOS等。这些系统大多遵循相同的基本命令集和操作方式，确保了一定程度的互操作性。

现代应用：虽然现代计算机已很少直接使用DOS作为主操作系统，但FreeDOS等项目仍在维护，供一些特定需求使用，如运行旧软件、进行低级硬件调试或在嵌入式系统中使用。

最初的DOS不支持NTFS文件系统，只支持FAT、FAT16、FAT32，操作系统中的DOS工具箱已经支持NTS。当进入该系统时，内部指令可以由系统间接调用。第一台个人电脑版的磁盘操作系统（DOS），被称为PC-DOS，是由比尔·盖茨和他的微软公司为IBM公司研制的。他保留Microsoft版（被称为MS-DOS）的销售权。PC-DOS和MS-DOS几乎相同，大多数用户统称它们为DOS。它是一个非图形界面的操作系统，使用命令行界面的操作系统，运行程序的方法是在命令行中键入程序的名称，具有相对简单的接口，但不是过于“友好”的用户界面。它像这样提示输入命令：C：>D：>E：>F：>。20世纪70年代，在个人计算机发明之前，IBM公司有一个不同且无关的DOS（磁盘操作系统），在规模小的企业电脑上运行。它最后被IBM公司的VSE操作系统所取代了。以前，这个名字是指用于一系列商用电脑的IBW操作系统。DOS操作系统用户指令是不区分大小写的。例如：DIR、Dir、dir在DOS中的执行含义是一致的。

DOS操作系统代表了一个时代的计算环境，它的简单、直接和灵活性对当时的用户与开发者来说，既是一个挑战，也是一个机遇。

（三）UNIX操作系统

UNIX操作系统是一种历史悠久、高度稳定和强大的多用户、多任务操作系统，最初由肯·汤普逊（Ken Thompson）、丹尼斯·里奇（Dennis M.Ritchie）和道格拉斯·麦克罗伊（Douglas McIlroy）等人于1969年在美国电话电报公司（AT&T）的贝尔实验室开发。UNIX设计的核心原则包括简洁性、模块化和可扩展性，这些原则使得它在不同的应用场景下都能表现出极高的灵活性和适应性。以下是对UNIX操作系统的关键特性和发展的一些概括。

核心特征：①多用户与多任务。允许多个用户同时登录并执行程序，每个用户可以同时运行多个任务（进程）而不会互相干扰。②分时系统。为每个用户提供似乎是专用的计算资源，即使在单处理器系统上也能实现并发操作。③命令行界面。早期的UNIX系统主要依赖命令行界面（CLI），用户通过键盘输入命令来操作系统。虽然现代UNIX变体（如Linux发行版）也支持图形用户界面（GUI），但CLI仍然是UNIX文化的重要部分。④文件系统。采用树状结构的文件系统，所有设备和数据都被视为文件，便于管理和操作。inode（索引节点）被用来存储文件元数据。⑤Shell。提供了一个用户界面，用户可以通过Shell（如Bash、csh、ksh等）与系统交互，执行命令和脚本。⑥可移植性。UNIX大量使用C语言编写，使得它容易被移植到不同的硬件平台上，促进了它的广泛应用。⑦网络功能。内置了强大的网络支持，包括TCP/IP协议栈，使得UNIX成为互联网基础设施中的关键组件。⑧标准与规范。如POSIX标准确保了不同UNIX变体间的基本兼容性，使得应用程序能够在不同系统间迁移。

发展历程：最初的UNIX系统是用汇编语言编写的，随后在20世纪70年代，为了提高可移植性和代码的可维护性，肯·汤普逊和丹尼尔·里奇用他们自己创造的C语言重写了UNIX，这是一个里程碑式的转变。从贝尔实验室开始，UNIX经历了多个版本的演变，并通过学术许可传播到了大学和研究机构，促进了其技术和理念的广泛传播。随着时间的推移，UNIX分化出了众多的商业版本（如Solaris、AIX、HP-UX）和开源实现（如Linux，虽然严格来说Linux是UNIX风格的操作系统，但并不是UNIX的直接分支）。在现代，UNIX或类UNIX系统（包括mac OS、各种Linux发行版）依然是服务器、工作站、移动设备和超级计算机等领域的关键操作系统。UNIX不仅影响了操作系统的设计，还促进了软件工程、网络技术、开源文化等多个领域的进步。

（四）AIX操作系统

AIX（Advanced Interactive eXecutive）是由IBM公司开发的一款强大的企业级类UNIX操作系统，专门设计运行在IBM Power Systems服务器（以前被称为IBM pSeries、RS/6000和IBM System p）上。AIX基于AT&T的UNIX System V，并且随着时间的推移，融入了诸多IBM公司的创新和技术，以满足高可用性、高性能计算和企业级工作负载的需求。以下是AIX操作系统的几个显著特点和优势。

可靠性与稳定性：AIX以其高度的稳定性和可靠性著称，适合运行关键业务应用，支持长时间无故障运行。

可伸缩性：支持从小型单处理器系统到大规模多处理器服务器集群的无缝扩展，能够有效管理资源，应对不断增长的业务需求。

安全性：安全特性强大，符合行业安全标准，如Common Criteria认证；提供安全增强选项，如Trusted Computing Base（TCB）和Role Based Access Control（RBAC）。

虚拟化技术：AIX支持先进的逻辑分区（LPAR）技术，允许单一物理服务器被划分为多个独立运行的操作系统实例，每个实例如同运行在独立的硬件上。

性能优化：提供了诸如Dynamic Logical Partitioning（DLPAR）、Workload Manager（WLM）和Active Memory Sharing等技术，以动态调整资源分配，优化系统性能。

系统管理：集成的系统管理工具，如System Director、System Management Interface Tool（SMIT）和AIXPert，简化了系统的配置、监控和维护工作。

兼容性和开放标准：遵循Open Group的UNIX 98标准，确保广泛的软件兼容性，同时支持Java、OpenStack等现代技术标准。

高可用性解决方案：提供了包括High Availability Cluster Multiprocessing（HACMP）在内的多种解决方案，确保关键应用和服务的连续性。

强大的数据库和开发支持：完全支持Oracle、DB2等数据库系统，以及多种开发工具和语言，如C/C++、Java、Perl、Python等。

内核特性：AIX的内核设计允许部分内核程序分页，这意味着非必需的内核部分可以被暂时移出内存，从而提高内存利用率和系统性能。

AIX操作系统在金融、政府、教育、科研等领域有着广泛的应用，特别是在那些对系统稳定性和安全性有极高要求的环境中。

（五）Linux操作系统

Linux操作系统是一种自由和开放源代码的类UNIX操作系统，它由Linus Torvalds在1991年首次发布，此后不断发展成为一个全球性的协作项目。Linux的核心特性及优势包括但不限于以下内容。

开源免费：Linux遵循GNU GPL等开源许可协议，允许用户自由地查看、修改和分发源代码，无需支付版权费用。

多用户多任务：支持多个用户同时登录并执行多个任务，每个用户都可以有自己的工作环境和资源配额，适合从个人电脑到大型服务器的各种场景。

稳定性与可靠性：Linux以其高稳定性和可靠性著称，能够在长时间运行下保持稳定，尤其适合需要连续运行的服务，如服务器和嵌入式系统。

安全性：Linux提供了严格的权限管理和安全机制，减少了来自病毒和恶意软件的风险，常用于构建安全敏感的系统。

高度可定制性：用户可以根据特定需求定制内核和系统，创建适合不同硬件平台和应用场景的发行版。

广泛的硬件支持：Linux几乎支持所有的处理器架构，从手机、平板电脑到超级计算机，都能找到适合的Linux版本。

强大的内存管理：Linux高效地管理物理内存和虚拟内存，支持大内存的高效利用，以及如swap空间的灵活配置。

丰富的软件生态：Linux拥有庞大的开源软件库，涵盖各种应用，如网页浏览器（如Chrome、Firefox）、办公套件（如LibreOffice）、开发工具等，满足不同用户的需求。

图形界面：Linux不仅支持命令行界面，还有多种图形用户界面（GUI），如GNOME、KDE、XFCE等，为用户提供友好的操作环境。

网络功能强大：Linux内建了强大的网络功能，是搭建网络服务器、路由器和防火墙的理想选择。

Linux广泛应用于服务器市场、嵌入式系统、移动设备（如Android系统）、桌面计算、超级计算机等领域，其灵活性、成本效益和强大的社区支持使得Linux成为当今技术领域不可或缺的一部分。

第二章　智能信息处理

第一节　人工智能与计算智能

一、智能

智能就是智慧和能力，是个体合理的思维、有目的的行为以及有效地适应环境的综合能力。智能是一种非常普遍的心智能力，涉及推理、规划、抽象思维、理解复杂的思想、快速学习、解决问题和从经验中学习的认知能力。

经过长期演化，大自然中的很多生物都具有智能。蚂蚁能够感知生存的威胁，在暴风雨来临之前搬家，能够通过协同工作快速找到食物，并以最短路径将食物搬运回家；候鸟能够感知气候，借助大气流长途迁徙而准确到达目的地；蝙蝠能测知目标猎物的距离、相对速度及高度信息，其捕捉目标的精确度和成功率令雷达和声呐专家们羡慕。

通常所说的智能指的是人的智能，而非人造系统的智能。人不仅具有智能，还具有制造各种工具来延伸和拓展自身的能力。各种工具、仪器和机器的制造，增强了人的四肢和五官的能力，将人从繁重的体力劳动中解放出来。计算机的发明则拓展了人的记忆、计算、推理和思维能力，人们还利用计算机来使工具、仪器和机器具有智能。在当今社会，“智能”无处不在，如智能建筑、智能家居、智能电器等。人们不断地探索自然规律，模仿自然、生物，以延伸、拓展和增强自身的智慧与能力。

通过对人类智力活动的探索与记忆思维机理的研究，开发人类智力活动的潜能，探讨用各种机器模拟人类智能的途径，使人类的智能得以物化与延伸的一门学科，即所谓的人工智能（Artificial Intelligence，AI）。近年来，借鉴仿生学思想，基于生物体系的生物进化、细胞免疫、神经细胞网络等的某些机制，用数学语言的抽象描述来模仿生物体系和人类的智能机制，产生了所谓的计算智能（Computational Intelligence，CI），并在有关智能的研究基础上出现了诸如智能设计、智能制造、智能检测、智能监控、智能控制、智能交通等应用智能的研究方向。

二、人工智能

（一）人工智能的定义

人工智能就是研究与开发用于模拟、延伸和扩展人的智能的理论、方法、技术及应用系统的一门新的技术科学。人工智能是计算机科学的一个重要分支，是跨学科的前沿科学，涉及心理学、脑生理学、计算机科学、哲学等学科。20世纪三四十年代，数理逻辑和计算的新思路这两项崭新的研究成果推动了人工智能的产生与发展。数理逻辑的研究成果使推理的某些方面可以用比较简单的结构予以形式化，从而为智能活动的部分过程在计算机上的实现打下了基础。所谓计算的新思路，是指图灵（A.M.Turing）于1946年提出的“思维即计算”（Thinking is computing），它把符号处理过程中的形式推理上升到了思维的高度。

人工智能从诞生以来，其理论和技术日益成熟，应用领域也不断扩大，可以设想，未来人工智能带来的科技产品将是人类智慧的“容器”。人工智能可以对人的意识、思维等方面的信息过程进行模拟。人工智能不是人的智能，但能像人那样思考，也可能超过人的智能。

对于人工智能的定义有多种。广义的人工智能是指通过对人类智力活动的探索与记忆思维机理的研究来实现两方面的目的：一方面，开发人类智力活动的潜能；另一方面，探讨用各种机器来模拟人类智能的途径，使人类的智能得以物化与延伸。狭义的人工智能是指用计算机模型来模拟思维功能的科学。

（二）人工智能的三个关键部分

人工智能必须有能力做三件事：知识存储；用存储的知识解决问题；通过经验来获取新知识。因此，一个人工智能系统具有三个关键部分，即表示、推理、学习。

1. 表示

人工智能最独特的特性是对符号结构语言普遍深入的应用，这种语言能表示特定问题域的一般知识和问题求解的特殊知识，其通常用公式表示，这种表示对用户而言相对容易理解。实际上，符号人工智能的透明度非常适合人机交互。

人工智能研究专家用到的“知识”是数据的另一种表述，具有说明性和过程性。在说明性表示中，知识表示是事实的静态集合，并带有一个用于操作事实的一般性过程集合；在过程性表示中，知识表示蕴含于可执行代码中，此代码能执行知识表示的意义。在绝大部分问题域中，通常需要这两种知识表达方式。

2. 推理

在许多基本结构中，推理是解决问题的能力。一个系统要有出色的推理能力，就必须满足以下特定条件：①系统必须能表示和解决十分广泛的问题。②系统必须知道显示和隐藏的信息。③系统必须有一个控制机制，当问题已被求解或对问题的进一步处理完成时，能决定对特定问题使用何种操作。

寻找解决问题的方法的过程可视为搜索。通常，对“搜索”的处理有规则、数据和控制三种。规则作用于数据，控制作用于规则。

在实际情况中（如医学诊断）可能遇到可用知识不完全（或不确切）的情况，此时可以采用概率推理过程，因此人工智能系统可处理不确定性。

3. 学习

环境为学习元件提供一些信息，学习元件将这些信息加入知识库，执行元件以知识库为基础来执行任务。环境为机器提供的知识种类通常是有缺陷的，但学习元件事先不知道如何填补遗失细节或忽略不重要的细节，因此机器先凭借猜测执行，再从执行元件获取反馈，反馈机制使机器能推测假设并在必要时进行修正。

机器学习包括两种截然不同的信息处理方法——归纳、演绎。在处理归纳信息的过程中，从原始数据和经验得到一般模式与规则。在处理演绎信息的过程中，从一般规则得到特定事实。基于相似度的学习用归纳的方法，其理论证据则从已知公理和理论中演绎而来；基于解释的学习用归纳和演绎两种方法。

三、计算智能

人工智能（或被称为传统人工智能）是用计算机模型来模拟思维功能的科学。经过半个多世纪的发展，传统人工智能虽然在知识表示、自动推理和搜索方法、机器翻译、计算机视觉、智能机器人和自动程序设计等方面有了一系列研究，取得了许多理论和应用成果，但并未取得真正的突破，即机器的智能至今仍与人类的智能相差甚远。特别是在面对人类往往仅凭自身的经验、直觉就能解决的问题时，传统人工智能在方法上就存在知识表达或建模的困难，或根本无算法可言。即使有算法可循，也往往受现代计算机系统时空局限而面临着“组合爆炸”的难题。其原因就是：大千世界是变化的、发展的，是浩瀚无垠的，人类的知识是不完全的、不可靠的、不精确的、不一致性的，目前对人脑的结构、应激机制以及对思维的方式还缺乏准确而完整的认识。

大自然是人类获得灵感的源泉。从远古时代的单细胞形成，到人类这种有思维、有智慧的高级生物体的产生，经历了复杂的进化过程。事实证明，人类找到了生命的最佳结构与形式，不但可以被动地适应环境，而且能够通过学习、模仿与创造来不断提高自己适应环境的能力。在自然界，从原始动物的进攻或防卫本能反应，到人类高等智慧的无限创造力，无不来源于生物神经网络活动漫长的进化过程。近年来，模仿生物神经网络的人工神经网络（Artificial Neural Network，ANN）、模仿生物遗传和进化规律的进化计算（Evolutionary Computation，EC）、模仿人类对模糊现象认知的模糊集（Fuzzy Set，FS）理论受到人们的广泛关注，并得到快速发展，产生了集人工神经网络、进化计算和模糊集理论于一体的计算智能。

计算智能，从广义的角度来说就是指借鉴仿生学思想，基于生物体系的生物进化、细胞免疫、神经细胞网络等机制，用数学语言进行抽象描述的计算方法，以模仿生物体系和人类的智能机制。

美国控制论专家扎德（LotfiA.Zadeh）将人工神经网络、进化计算和模糊集理论归纳为“软计算”（Soft Computing，SC），以区别于传统上精确、严格的“硬计算”（Hard Computing，HC）。

（一）计算智能的产生与发展

计算智能是近年来兴起的一门新的学科，它以神经网络（Neural Network，NN）、进化计算和模糊系统（Fuzzy System，FS）为核心内容。

20世纪80年代末以来，神经网络、进化计算和模糊系统之间的边界已逐渐模糊，特别是这些技术的相互交叉与结合所产生的系统比单一技术所提供的系统更为有效。所以，20世纪90年代初，电气电子工程师学会（Institute of Electrical and Electronics Engineer，IEEE）的一些著名学者提议举办结合这三个领域的世界大会，取名为“智能系统”（Intelligent Systems），考虑到智能系统在人工智能的范畴内有着特殊的含义，而这一含义与世界大会的内容并不一致，后将这三个领域的世界大会取名为计算智能大会（Word Congresson on Computational Intelligence，WCCI）。

1994年，IEEE在美国奥兰多召开了首届国际计算智能大会。大会分三部分——神经网络、进化计算、模糊系统。其中，第二部分是从第一部分分离出来的，第三部分融入了计算智能整体。该会议首次将神经网络、进化计算、模糊系统这三个领域合并在一起，形成了“计算智能”这个统一的技术范畴，这是会议组织者提出的一个新学科方向。计算智能作为一个全新的概念在这次大会上被提出来，并作为大会的主题。

1995年，在澳大利亚珀斯市举办的国际神经网络联合会议和国际进化计算会议的联合学术会议，均由IEEE神经网络委员会组织。这是继首届国际计算智能大会之后，这两大学术会议第二次在一起召开，是一次计算智能的国际盛会，主题依然是“计算智能”。这次大会收录论文近700篇，内容涉及神经网络与进化计算的系统理论和应用以及神经网络、进化计算、模糊理论的相互结合等方面的内容。

1998年，在美国阿拉斯加州的安克雷奇市，第二届计算智能世界大会召开。此次大会仍分为三个国际会议，即国际神经网络联合会议、国际模糊系统会议和国际进化计算会议。这三个学术会议在组织上互相独立，各有各的机构和论文集，小组报告也分别安排，内容有所交叉，但所有大会报告都由WCCI统一组织。1000余名与会者主要来自学术界和工业界。

2002年，第三届国际计算智能大会在美国夏威夷州的火奴鲁鲁市召开，此次大会也分为三个国际会议，学术交流的形式有全体会议、辅导讲座、学术讨论、小组发言和张贴讲解。这次大会收录论文1100余篇，论文涉及的范围极为广泛，既有理论研究和应用研究，又有学习问题和优化问题研究，还有技术论点和教育观点等，侧重于应用智能技术解决实际问题，主要集中在机器人、机器视觉、人机交互、调度控制、预测、最优化、模式识别、图论、信号处理、医学诊断、工业探测、军事安全、无线通信、电力系统、运动目标动态分析、数据挖掘、数据库、环境科学、语音处理以及网络智能等方面。

目前，从学术界角度，计算智能经过许多学者多年来的探索性研究，已经成为一个重要的研究领域。除了国际计算智能大会以外，IEEE等组织的相关学术机构每年都举行很多与计算智能相关的学术会议和研讨会，主要讨论计算智能的各相关主题的理论以及在金融工程、机器人与自动化、多媒体技术、工业控制等方面的应用。此外，IEEE已在计算智能领域出版了三种期刊，并举办上述学术期刊的国际年会，这也是计算智能成为重要研究领域的标志之一。

（二）计算智能的重要特征

什么是计算智能？计算智能与人工智能有什么区别？

计算智能的定义：如果一个系统是计算智能的，那么它仅处理低层的数值数据，含有模式识别部分，不依赖于人工智能（AI）意义上的知识。此外，计算智能还具有四个特征：适应性运算能力、计算的容错能力、人脑的计算速度、与人脑一样决策和思维的正确率。从硬件上看，计算神经网络（CNN）是低层次的，是由生物机理产生的模型；而人工神经网络（ANN）是中等层次的模型，是由计算神经网络与知识组成；相较而言，生物神经网络（BNN）就是指人脑。从软件上看，计算智能是低层次的算法。传统人工智能是中等层次的模型，它由计算智能与知识组成。而生物智能（Biological Intelligence，BI）就是指人脑中的思维。

关于人工智能和计算智能的关系，相关学者认为，计算智能是人工智能的子集。他们认为智能有三个层次。以模式识别（PR）为例，第一层次是生物智能（BI），由大脑中的物理化学过程反映出来。大脑由有机物构成，是生物智能的物质基础。第二层次是人工智能（AI），是非生物的、人造的，其基础是符号系统及其处理，并且来源于人的知识和有关数据。第三层次是计算智能（CI），由计算机通过数学计算来实现，它的来源是数值计算以及传感器所得到的数据。生物智能包含人工智能，人工智能又包含计算智能，人工智能是计算智能到生物智能的中间过渡，模糊集表示和模糊逻辑技术是由计算智能到人工智能的过渡环节。

事实上，大部分学者持有另一种观点，即认为人工智能和计算智能属于不同的范畴，虽然它们之间有部分重合，但计算智能是一个全新的学科领域，而且正处在不断完善与发展的过程中。另一种计算智能的定义是：一种包含计算的方法，它显示出有学习或处理新情况的能力，从而使系统具有一种或几种推理功能，如泛化、恢复、联想和抽象等。计算智能系统通常包括多种方法的混合，如人工神经网络、模糊系统、进化计算系统、知识元件等，计算智能系统常常被设计成模仿生物智能的某些方面。

实际上，INSPEC（Information Service in Physics，Electro Techndogy,Computer and control）数据库的确是以计算智能和人工智能不同的分类进行文献检索的。在WCCI’94大会上，INSPEC仅将14%的文献既归类为人工智能又归类为计算智能。另外，计算智能表现出上升趋势，人工智能却呈现下降趋势。许多学者认为，到目前为止，人工智能中最成功的应用是专家系统（ExpertSystem）。计算智能表现出上升趋势的重要原因在于它能够有效地解决系统中的一些非线性和不确定性的问题，而在实际问题中，非线性和不确定性又是普遍存在的。按照扎德的观点，计算智能在本质上属于“软计算”。这是因为用这类方法对问题求解时，即使对象模型和边界条件不够精确、不够完整，也能够得到一个合理的解。传统的基于模型的解题方法（如微分方程）往往要求系统有精确的模型参数和严格的边界条件（扎德将这类方法归类为“硬计算”），也就是说，用硬计算方法在系统模型不精确或者边界条件不准确的情况下求解问题，其解必然不准确。正是计算智能具有的这种“软”特性，使得它在问题求解过程中表现出了强大的生命力。

当然，无论是计算智能还是传统的人工智能，都各有其特点、问题、潜力与局限，它们只能相互补充而不能相互取代。事实上，把不同的方法结合起来，构成一个优势互补、复合协同或综合集成的智能应用系统，已经成为当前的一个研究与发展热点。计算智能（特别是人工智能与计算智能的复合协同方式）为在更高层次上实现计算机智能化提供了新方法，展现了一个大有希望的新的研究与发展方向。

尽管计算智能的定义、内容以及与其他智能学科分支的关系尚没有统一的看法，但是研究者对人工神经网络或神经计算（Neural Computing，NC）在计算智能中的基石作用和基本地位，以及计算智能由计算机通过数值计算来实现这一根本性质已取得共识。计算智能的以下两个重要特征便是人们比较共同的认识。

计算智能与传统人工智能的确是不同的，其主要依赖的是生产者提供的数字材料，而不是依赖知识，它主要借助数学计算方法（特别是与数值相联系的计算方法）的使用。这就是说，一方面，计算智能的内容本身具有明显的数值计算信息处理特征；另一方面，计算智能强调用“计算”的方法来研究和处理智能问题。需要强调的是，计算智能中计算的概念在内容上已经拓宽和加深，一般而言，在解空间进行搜索的过程都被称为计算。

计算智能这一概念的提出，显然远不止具有科学研究分类学的意义，其积极意义在于促进了基于计算的（或基于计算和基于符号物理相结合的）各种智能理论、模型、方法的综合集成，以便在计算智能这一主题下取得思想更先进、功能更强大、能够解决更复杂问题的科学成果。为此，要不断引进深入的数学理论和方法，以“计算”和“集成”作为学术指导思想，进行更高层次的综合集成研究，这种综合集成研究并不局限于模型及算法层次的综合集成，还涵盖感知及认知层次的综合集成。

第二节　智能信息处理的主要技术

一、模糊计算技术

1965年，扎德发表了著名的论文《模糊集》，开创了模糊理论。经历50多年的曲折发展，这一领域已取得长足的进步，扎德在国际上被誉为“模糊之父”。近年来，模糊理论又在实际应用中获得重大突破，作为一种高新技术正在迅速发展，已成为信息科学中的核心技术之一。扎德曾提出一个著名的不相容原理：随着系统复杂性增加，人们对系统进行精确而有效地描述的能力会降低，直至一个阈值，精确和有效成为互斥。其实质在于，真实世界中的问题的概念往往没有明确的界限，而传统数学的分类总是试图定义清晰的界限，这是一种矛盾，在一定条件下会变得对立，从而引出一种极其简单而又重要的思想：任何事情都离不开“隶属程度”这一概念。这就是模糊理论的基本出发点。

因此，可以这样认为，随着系统越来越复杂，当其复杂性达到与人类思维系统可比拟的程度时，传统的数学分析方法就不适用了。相较而言，模糊数学或模糊逻辑更接近于人类思维和自然语言，因此模糊理论为复杂系统分析，进而为人工智能研究提供了一种有用的方法和工具。

二、神经计算技术

脑神经系统是以离子电流机构为基础的由神经细胞组成的非线性的（Nonlinear）、适应的（Adaptive）、并行的（Parallel）、模拟的（Analog）网络（Network），简称“NAPAN”。在脑神经系统中，信息的收集、处理和传送都在细胞上进行。各细胞基本上只有兴奋、抑制两种状态。神经细胞的响应速度是毫秒级，比半导体器件要慢得多。神经细胞主要依靠网络的超并行性来实现高度的实时信息处理和信息表现的多样性。神经细胞上的突触机构具有很好的可塑性。这种可塑性使神经网络具有记忆和学习功能。突触结合的连接形成了自组织特性，并随学习而变化，使神经网络具有强大的自适应功能。

由于脑神经系统的复杂性，至今还没有可用于分析和设计NAPAN的理论。尽管人们早就知道在人的大脑中存在着NAPAN，但研究NAPAN的难度很大，人们一直未能对其进行深入研究。在已注意到数字计算机局限性的今天，人们认为必须研究NAPAN，并希望通过它来实现崭新的超并行模拟计算。

的确，随着神经科学的发展，从分子水平到细胞水平的详细构造和功能开始被人们了解，人们对脑神经系统所实现的信息处理的基本性质的理解也逐步深入。然而，即使细胞的结构以及生理的、物理的机理都弄清楚了，人们对由140亿个神经细胞所组成的脑神经系统的超并行性、层次和分布式构造所形成的系统本质特性依然知之甚少。目前，需要从系统论的立场出发来研究复杂的NAPAN，在网络层次上弄清其功能和信息处理原理，确定使其体系化的理论。

在这种趋势中，对神经网络模型和学习算法的研究独具魅力。这种研究把许多简单的神经细胞模型并行地、分层地相互结合成网络模型，提供了实现新的信息处理的一种手段，为建立NAPAN理论提供了一种途径。例如，对于颜色等感觉信息，在脑内的表现是多重而广泛的多样体，只有采用新的信息处理方法才能对它进行描述。也就是说，原来依靠生理、心理实验难以分析高级中枢中的信息处理行为，神经网络理论与技术使之成为可能。这里所说的神经网络指的是人工神经网络，它是对真实脑神经系统构造和功能予以极端简化的模型。对神经网络的研究既有助于人们理解NAPAN，又有助于探明大脑的信息处理方式、建立脑的模型、进一步弄清脑的并行信息处理的基本原则，并从应用角度寻求其工程实现的方法。

神经网络的主要特征：大规模的并行处理；分布式的信息存储；良好的自适应性、自组织性；很强的学习功能、联想功能和容错功能。与冯·诺依曼计算机的工作模式相比，神经网络的信息处理模式更接近人脑。其主要表现在以下几个方面：①神经网络能够处理连续的模拟信号（如连续变换的图像信号）。②神经网络能够处理不精确的、不完全的模糊信息。③冯·诺依曼计算机给出的是精确解，而神经网络给出的是次最优的逼近解。④神经网络并行分布工作，各组成部分同时参与运算；单个神经元的动作速度不快，但网络总体的处理速度极快。⑤神经网络具有鲁棒性，即信息分布于整个网络各权重变换中，某些单元的障碍不会影响网络的整体信息处理功能。⑥神经网络具有较好的容错性，即在只有部分输入条件（甚至包含了错误输入条件）的情况下，网络也能给出正确的解。⑦神经网络在处理自然语言理解、图像识别、智能机器人控制等疑难问题方面具有独到的优势。

神经网络的上述特点是否反映了人脑神经系统的所有特征和功能呢？事实上，神经网络以连接主义为基础，是人工智能研究领域的一个分支。它从微观出发，认为符号是不存在的，认知的基本元素就是神经细胞。认知过程是大量神经细胞的连接引起神经细胞不同兴奋状态和系统表现出的总体行为。传统的符号主义与其不同。符号主义认为，认知的基本元素是符号，认知过程是对符号表示的运算。人类的语言、文字、思维均可用符号来描述，而且思维过程只不过是这些符号的存储、变换和输入、输出而已。以这种方法实现的系统具有串行、线性、准确、易于表达的特点，体现了逻辑思维的基本特性。20世纪70年代的专家系统和20世纪80年代日本的第五代计算机研制计划就体现了典型的符号主义思想。

现代研究表明，基于符号主义的传统人工智能和基于连接主义的神经网络分别描述了人类左脑、右脑的功能，反映了人类智能的两重性——精确处理和非精确处理，其分别对应认知过程的理性和感性两方面。这两者的关系是互补的，不能相互替代。理想的智能系统及其表现的智能行为应是两者相互结合的结果。

很明显，对神经网络理论及其应用的研究，对整个计算智能的研究与进展都是十分重要的，尤其是对智能计算机的研究具有特别的意义。把神经网络的研究成果与当前的计算机理论和技术结合起来，可能会实现更加智能化的柔性信息处理系统，为最终实现智能计算开辟可能的途径。

三、进化计算技术

进化计算是计算智能的重要组成部分，正受到众多学科的高度重视。20世纪50年代中期，仿生学创立。许多科学家从生物中寻求新的、用于人造系统的灵感。一些科学家分别独立地从生物进化的机理中，发展出了适合现实世界复杂问题优化的模拟进化算法（SEO），主要有遗传算法、进化策略以及进化规则。同时，还有一些生物学家做了生物系统进化的计算机仿真。很遗憾，他们都没有引入人工系统。遗传算法、进化策略及进化规则均来源于达尔文的进化论，但三者侧重的进化层次不同。其中，遗传算法的研究最为深入、持久，应用面也最广。

从20世纪60年代开始，密歇根大学的约翰·霍兰德（John Holland）开始研究自然和人工系统的自适应行为。在这些研究中，他试图发展一种用于创造通用程序和机器的理论。通用程序和机器具有适应任意环境的能力。他意识到用群体方法搜索以及选择、交换等操作策略的重要性，并开创了与目前类似的复制、交换、突变、显性、倒位等基因操作，提出了重要的模式定理，建议采用二进制编码。

进入20世纪80年代，随着以符号系统模拟智能的传统人工智能暂时陷入困境，神经网络、机器学习和遗传算法等从生物系统底层模拟智能的研究重新复活并取得显著成果。遗传算法的理论研究更为深入和丰富，应用研究更为广泛和完善。进入20世纪90年代，以不确定性、非线性、时间不可逆为内涵，遗传算法在许多领域得到了广泛应用。

四、智能技术的综合集成

随着模糊逻辑、神经网络、进化计算、混沌与分形、小波分析、人工生命以及人工智能等交叉学科的综合集成不断深入和发展，用计算智能技术来解决复杂智能行为已成为智能模拟、智能信息处理、智能控制、智能建筑、智能制造、智能多媒体通信、智能机器人、智能计算机、智能管理系统、智能决策系统等领域研究的新兴热门话题，并将在推动高度智能系统化的发展方面起到重大的关键性作用。

计算智能信息处理技术现在正处于蓬勃发展阶段，如何将模糊逻辑、神经网络、进化计算、混沌与分形、小波分析等学科有机结合并发挥各自的特点，显然是计算智能信息处理中的一个核心问题。

（一）模糊系统与神经网络的结合

随着模糊信息处理技术和神经网络技术研究的不断深入，将模糊系统与神经网络技术进行有机结合，从而构造出一种可“自动”处理模糊信息的模糊神经网络（或称为自适应模糊系统），引起了人们的极大关注，已成为当前智能信息处理领域研究的一个热门话题。

自1965年扎德创立模糊集理论以来，有关模糊信息处理的理论和应用研究均已取得重大进展，各类基于模糊逻辑和模糊信息处理技术的智能产品已在工业控制、信息处理、模式识别、人工智能等领域和家用电器中应用。但是，作为模糊信息处理的核心，模糊规则的自动提取、模糊变量基本状态隶属函数的自动生成一直是阻碍模糊信息处理技术进一步推广的两大难题。在过去，这些工作主要是靠开发者们的智慧来进行的。以非线性大规模并行处理为主要特征的神经网络技术近年来有了引人注目的进展。神经网络作为智能信息处理工具，被认为是最有前景且能取得重大突破的应用领域。但是，在传统的神经网络模型中，其神经元与神经网络所反映的只是非线性系统的一些简单特征，若要用它来模拟人脑线性处理的机制，就必须对其进行某种“特殊处理”。

模糊技术与神经网络技术各有自己的优点。前者以模糊逻辑为基础，抓住了人类思维中的模糊特点，以模仿人的模糊综合判断推理来处理常规方法难以解决的模糊信息处理难题，将计算机应用扩大到了人文、社会和心理学等领域。后者以生物神经网络为模拟基础，试图在模拟推理及自动学习等方面向前迈进一步，使人工智能更接近人脑的自组织和并行处理等功能，它在模式识别、聚类分析和专家系统等方面已显示了新的前景和新的思路。如果将它们进行综合，即将符号逻辑推理方法与连接机制方法进行有机结合，就可以有效地发挥各自的优势并弥补其不足。模糊技术的优势在于逻辑推理能力容易进行高层的信息处理。将模糊技术引入神经网络可大大拓宽神经网络处理信息的范围和能力，使其不仅能处理精确信息，还能处理模糊信息和其他不精确信息；不仅能实现精确性联想映射，还可以实现不精确性联想映射，特别是模糊联想及模糊映射。神经网络在学习和自动模式识别方面有极强的优势，采取神经网络技术来进行模糊信息处理则使得模糊规则的自动提取及模糊隶属函数的自动生成问题得以解决，使模糊系统成为一种具有自适应、自学习和自组织功能的系统。

模糊技术与神经网络有很多共同点。首先，它们都着眼于模拟处理人的思维；其次，它们在形式上也有不少相似之处（例如，模糊集理论中的隶属函数与神经网络的输出特性之间、模糊逻辑推理中的max-min运算与神经元对其输入的加权和运算之间），这也使它们的有机结合得以方便实现。

（二）神经网络和遗传算法的结合

神经网络（Neural Network，NN）和遗传算法（Genetic Algorithm，GA）都是将生物学原理应用于科学研究的仿生学理论成果。尽管两者的产生都受到自然界中信息处理方法的启发，但来源并不相同，GA是从自然界生物进化机制获得启示的，NN则是对人脑若干基本特性的抽象和模拟，因此它们在信息处理时间上存在较大差异。通常，神经系统的变化只需极其短暂的时间，而生物的进化却需以世代为尺度来衡量。近年来，已有越来越多的研究人员尝试将GA与NN相结合进行研究，希望通过结合来充分利用两者的长处，寻找一种有效解决问题的方法，同时借助这种结合使人们更好地理解学习与进化的相互作用关系。有关这一主题的研究已成为人工生命领域中十分活跃的课题。

NN和GA的结合表现在两方面。一方面，辅助式结合，比较典型的是用GA对信息进行预处理，然后用NN求解问题。例如，在模式识别中先利用GA进行特征提取，然后用NN进行分类。另一方面，合作式结合，即GA和NN共同求解问题。这种结合有两种方式：一种是在固定神经网络拓扑结构的情况下，利用GA来研究网络的连接权重；另一种是直接利用GA优选NN的结构，然后用BP（Back Propagation）算法训练网络。综观NN与GA结合的研究现状不难看出，为了设计出性能优良、适合具体应用问题的NN结构，在将来的工作中应综合考虑和研究以下几个问题：①如何发展出一种新颖的编码方法，使之不仅能编码网络结构，还能编码学习规则？此设计涉及网络结构的动态调整和权重训练动态性之间的协调性，这样才有可能发展新的学习算法和网络结构。②如何提高遗传算子对构造新型网络的适应性？由于网络编码方法具有多样性，且对不同应用的侧重点不同，因此要求遗传算子及其参数值（如交换配率、突变率等）有较好的适应能力。③如何妥善改进适合度评价函数？单一的适合度评价函数无法提高网络整体性能，因而只有从学习速度、精度、泛化能力以及网络的规模和复杂性等方面来综合权衡方能提高整体质量。

（三）模糊技术、神经网络和遗传算法的综合集成

模糊技术已广泛应用于许多领域和实际工程中，这是因为用模糊规则可以将专家的知识很好地表达出来，通过模糊推理决策给出问题的正确答案。不过，这些专家知识的总结和模糊规则的决定是困难且费时的工作。神经网络是有学习和自组织特性的，它是建立模糊推理神经网络系统和自动提取模糊规则的良好方法。但这种方法在训练模糊推理神经网络的过程中采用了考虑局部区域的梯度学习算法，因而缺乏全局性，有可能仅优化局部极值处。另外，模糊推理神经网络

的结构和大小是预先选定的，没有考虑推理网络结构的优化性。遗传算法是一种基于生物进化过程的随机搜索的全局优化方法，它通过交叉和变异来大大减小系统初始状态的影响，可搜索到最优结果而非停留在局部最优处。遗传算法不仅可以优化模糊推理神经网络系统的参数，而且可以优化模糊推理神经网络系统的结构，即采用GA可以剪去冗余的隶属函数，得到模糊推理神经网络的优化的分层结构，产生简化的模糊推理神经网络结构（规则、参数、数值、隶属函数等）。NN、GA和FL（Fuzzy Logic，模糊逻辑）三者的合理融合，其优势将远大于现在。例如，用NN、GA和FL综合集成一个神经网络推理、控制和决策智能信息处理系统，可以用GA调节和优化具有全局性的网络参数与结构，用神经网络学习方法调节和优化具有局部性的参数，即用GA作为一种粗优化（或离线学习）过程，用NN学习作为一种细优化（或在线学习）过程，这两种方法的综合使用可以大大提高模糊神经网络系统的性能。

（四）神经、模糊和混沌的融合

当多种边缘学科发展起来后，人们往往会注意研究各学科之间的内在联系，找出其共同的本质。同样，对神经网络理论、模糊理论和混沌理论的研究也是如此。事实上，人们通过分析健康人的脑电图发现其中存在混沌现象，证明了混沌也是神经系统的正常特征。尤其是在单独的生物神经元中，可通过实验观察到混沌状态。在模糊理论方面，人们也在研究模糊集空间涉及的混沌现象。例如，对“爱好”这一模糊概念的研究，人们试图找出其中的混沌现象。至于神经网络理论和模糊理论之间，更是存在着许多联系，并且在实用方面所进行的研究进展更快。

神经网络、模糊和混沌显然各自具有不同特点，但从本质上讲，它们之间具有共同的特性，即系统的非线性和状态的模拟性。近年来，国内外许多学者都把这三者结合起来研究，或者研究其两两结合的共同特性，如在神经网络中抓住其“大规模并行计算”和“自适应学习”等特性、在模糊理论中抓住前面所述的“模糊性”和“自由性”等特性、在混沌理论中抓住其“非周期背后隐藏着有序性”和“对初始条件的敏感依赖性”等特性，把它们结合起来研究模糊神经网络和混沌神经网络以及这些网络在信息处理中的应用，以实现更加柔软的智能信息处理。此外，有的研究者把混沌计算、神经计算和模糊计算视为下一代模拟信息处理技术的关键，特别是三者的相互渗透、相互联系具有巨大的研究潜力。

神经网络和模糊理论融合的研究比较多，也相对成熟。神经和模糊都是仿效生物体的柔性信息处理功能，但是它们本身的含义大不相同。神经计算是通过脑的微观构造采取自下而上的方法，经过学习、自组织化而形成的神经网络，采用非线性的并行分布式动力学能够处理不能被语言化的模式信息。模糊计算仿效以语言和概念为代表的脑的宏观功能，采用自上而下的方法，通过主观地引入隶属函数和模糊规则来从逻辑上处理包含模糊性在内的符号信息。把神经网络和模糊理论的这些不同特性融合在一起，可以取长补短，实现更加完善的智能信息处理。

神经网络和混沌相互融合的研究虽然是从20世纪90年代开始的，但是发展很快。其主要研究目标是弄清大脑的混沌现象，建立含有混沌动力学的神经网络模型，并应用于信息处理，以提高信息处理的效率和柔性。此外，关于神经网络的分形构造的理论模型以及利用递归网络的混沌动力学的学习功能等方面的研究也正在展开。

（五）混沌与分形——孪生兄弟

20世纪70年代，随着计算机科学的飞速发展，非线性科学出现了一对孪生兄弟——混沌与分形。

研究表明，宇宙中许多表面上服从决定论定律的简单系统，其行为仍然是很难预测的，由此产生了混沌理论。大自然中许多常见的不规则的复杂现象（如山峦和云团的外形、曲折的海岸线等），其整体与局部有相似性，因而产生了分形理论。

现在，混沌与分形的结合日益紧密。事实上，混沌吸引子就是分形集。混沌事件在时间标度上表现出相似的变化模式，分形在空间标度上表现出相似的结构模式，这表明混沌与分形之间有密切的关系。

混沌，作为演化的科学，关注的是过程如何在特定环境中形成特定的现象。这些过程可能发生在海岸线的侵蚀、大气的流动、地层的断层等诸多自然领域，它们留下了独特而复杂的痕迹，这些痕迹便是我们所说的分形结构。

分形，则是存在的科学，它揭示了自然界中广泛存在的自相似性和复杂性。无论是曲折多变的海岸线、形态各异的云朵，还是层层叠叠的岩层，它们都以分形的形式呈现在我们眼前，展现了自然界的奇妙与多样。

混沌与分形的蓬勃发展，离不开人类智力的进步与计算技术的提升。正是这两者的有机结合，使得我们能够更深入地理解混沌与分形的本质，揭示它们背后的科学规律。

（六）计算智能展望

计算智能作为一门新兴学科，在理论上还很不成熟，有待进一步研究和发展。要真正实现计算智能信息处理和智能模拟，只靠一两种方法是很难做到的，需要多种方法综合集成才能达到计算智能模拟。一般认为，计算智能包括神经网络、模糊系统和进化计算三个主要方面，其积极意义在于促进了基于计算和物理符号相结合的各种智能理论、模型的发展，使其功能更强大，并能够解决更复杂系统的智能行为。目前，国际上对计算智能的研究正注意以下几方面的结合：①神经网络与模糊系统和进化计算的结合；②神经网络与模糊及混沌三者的结合；③神经网络与近代信号处理方法小波分析、分形的结合；④专家系统与模糊逻辑、神经网络的结合，以便有效地模拟人脑的思维机制，使人工智能导向生物智能。

此外，神经网络本身又分为人工神经网络（ANN）、生物神经网络（BNN）及计算神经网络（CNN），即所谓的ABC神经网络。总之，计算智能信息处理和智能模拟系统要研究的内容十分丰富，目前正向纵深方向发展。

计算智能涉及的相关技术虽然越来越为人们所认识，但作为一个学科分支的整体来看，它应该有新的理论框架、基本模式和核心技术，有自己的计算系统和计算处理方法。这些问题都有待进一步解决。为此，需要建立计算智能研究的综合集成环境，研究支持计算智能发展的集成开发环境，建立高度的智能化处理系统。

第三章　信息传输技术

第一节　信息传输和信道

一、信息传输的基本概念

通信是为了实现信息的传送与交流。因此，没有信息的传输就谈不上通信。在整个通信网络中，信息传输是一个重要的组成部分。信息传输就是将携带信息的信号通过媒体传送到目的地的过程。信源提供的语音、数据、图像等需要传递的信息由用户终端设备变换成需要的信号形式，经传输终端设备进行调制，将其频谱搬移到对应传输媒质的传输频段内，通过传输媒质传输到对方后，再经解调等逆变换，恢复成信宿适合的消息形式。

（一）信道

信道是信号传输的通道。通信的目的就是传递信息，在传递信息的过程中，除了发送信号的发送端和接收信号的接收端，位于中间的信道是必不可少的。从系统的角度看，通信系统一般由信源、发送设备、信道、接收设备、信宿和噪声源组成。

其中，信源（信息源）是产生消息的源，把人或设备发出的信息变换为原始的电信号；发送设备是负责将信源发出的信号变成适合于信道传输的信号；接收设备是把从传输信道中接收的信号恢复成相应原始信号的设备，与发送设备功能相反；信宿是将复原的原始信号转换成相应的消息的宿端，是受信者。

信道是信号传输的通道，是通信系统的重要组成部分。信道由各种各样的传输媒质支撑，这些媒质包括明线、电缆、光缆及无线方面的各波段的电磁波等。传输媒质是用于承载传输信息的物理媒体，是传递信号的通道，提供两地之间的传输通路。根据传输信号的特性，可以将信道分为模拟信道和数字信道。根据传输距离的远近及作用，信道可分为两类：距离比较近的被称为用户线或接入信道（接入网），当前以金属电缆和无线传输为主；距离较远的被称为中继或长途传输信道，当前主要由光缆、微波和卫星信道组成。信道根据传输媒质是否有形也可分为两种，一种是电磁信号在自由空间中传输的无线信道，另一种是电磁信号在某种有形的传输线上传输的有线信道。

噪声源不是人为实现的实体，而是在实际的通信系统中客观存在，在模型中集中表示。实际上，干扰噪声可能在信源处就混入了，也可能从构成变换器的电子设备中引入，传输信道中的电磁感应以及接收端的各种设备中也都可能引入干扰。

（二）信息容量

信息容量是在一个给定时间内，通过一个通信系统可以传输多少信息的一种度量。简而言之，信息容量可以是系统容纳的用户数目或系统交换、传输及处理的信息比特数。信息论（Information Theory）是对有效利用带宽通过电子通信系统传输信息的理论研究。信息论可用来确定通信系统的信息容量（Information Capacity）。1920年，贝尔电话实验室的哈特莱（R.Hartley）推导出了带宽、传输时间和信息容量之间的关系。哈特莱定律简单地说明，带宽越宽，传输时间越长，能够通过该系统传送的信息就越多。数学上，哈特莱定律表达如下：

$$C = Bt$$

式中：C——信息容量；

B——系统带宽（Hz）；

t——传输时间（s）。

上式说明，信息容量是系统带宽和传输时间的线性函数并直接与两者成正比。如果通信信道的带宽增加一倍，可以传送的信息量也增加一倍。如果传输时间增加或减少，通过系统传送的信息量也成比例地改变。

（三）信道传输特性

根据传输介质是否有形，信道可以分为有线信道和无线信道。

1. 有线信道的传输特性

（1）幅频传输特性

它是信道在各频率下的衰耗与频率的关系曲线，它将影响信号的幅度衰减量。信道的理想幅频特性要求其通带内特性平稳，否则将导致信号幅度失真。

（2）相频传输特性

它是信道在各频率下的相位移与频率的关系曲线，它将影响被传输信号的相位移。信道相频非线性，产生信号非线性相位失真，如电视画面上的图像镶边，图像的边缘抖动。对相位无要求的通信不需考虑。理想相频特性是一条通过 $f=0$Hz 原点的斜直线，频率分量大的信号相移大，频率分量小的相移小。

2. 无线信道的传输特性

无线信道的传输媒介是自由空间，由电磁波携带信号。常用无线信道的通信方式有：调幅、调频广播，无线电视，微波通信，卫星通信，移动电话，无线寻呼等。无线信道也以幅频特性与相频特性来描述信道对通过信号的影响，与有线信道类同。

无线通信所用的电磁波，根据频率的高低，或波长的长短，频段划分如表3-1所示。通常所说的微波是指频率在0.3～3GHz范围的电磁波。

表3-1　线电波频段

频段名称	频率范围	波长范围	传输媒质
极低频（ELF）	3～30Hz	10^5～10^4km	金属缆线
音频（VF）	30～300Hz	10^4～10^3km	
甚低频（VLF）	300～3000Hz	10^3～10^2km	
低频LF（长波）	3～30kHz	10^2～10km	
中频MF（中波）	30～300kHz	10～1km	
高频HF（短波）	300kHz～3MHz	10^3～10^2m	
甚高频VHF	3～30MHz	10^2～10m	无线电波（包括微波）
超高频UHF	30～300MHz	10～1m	

续表

频段名称	频率范围	波长范围	传输媒质
特高频（分米波）	300MHz ~ 3GHz	10 ~ 1dm	无线电波（包括微波）
极高频（厘米波）	3 ~ 30GHz	10 ~ 1cm	
红外线（光波）	30 ~ 300GHz	10 ~ 1mm	光纤
	300 ~ 3000GHz	1 ~ 0.1mm	

各波长段的频率不同，波长不同，其空间传播特性就不一样，用途也就不同。长波绕射能力最强，靠地波传播，常用于海潜通信；中波较稳定，主要用于短距离广播（收音机的调幅台就用此波段）；短波利用空间电离层反射，进行长距离传输，主要用于短波通信和短波广播；超短波是比短波波长更短的波，也是利用电离层反射传播，主要用于无线广播与通信，大家平时听的调频台就属于此波段；微波波长较短，接近于光波，是直线传播，实现点到点之间无阻挡的视距通信，主要用于微波、卫星、导航及航天等通信。无线频率资源非常宝贵，不可再生，应当合理、有效地利用。

3. 信道的衰减与失真

在信道中传递的信号，由于介质的特性，传输过程中必然会产生能量的损失，这种能量的损失被称为衰减或衰耗。在通信工程中，这种能量的损失被称为固有衰减，这种衰减因信道种类不同而不同，传输信道距离越长衰减越大，其度量一般用电平（dB）表示。dB的定义为：信号输入/输出端功率比值取10倍，常用对数来表示，称为分贝。

$$\mathrm{dB}=10\lg\frac{P_{\mathrm{i}}}{P_{\mathrm{o}}}$$

在通信系统中，信号的传输一般用相对电平来表示。如果上式中参考点为P_0，输出点为P_{i}，若P_0的单位用mW表示，则电平为dBm，称dB毫瓦；如P_0单位用W表示，则电平为dBW，称dB瓦。

$$(\alpha)_{\mathrm{dBm}}=10\lg\frac{P_{\mathrm{i}}}{P_{\mathrm{o}}}$$

这种单位在传输工程上普遍采用。衰减值允许有多大，要根据规定的发送电平和接收机灵敏度来确定。例如，CCITT V.2建议规定用户设备加到线路上的功率电平在任何频率都不得大于0dBm，即1mW。数据电路设备（如Modem）接收机灵敏度在不同的应用场合有不同的值，大约在-43～26dBm的范围内。

通信信道由于干扰和噪声影响，常见的信号衰减与失真度量参数有幅度衰减、幅度突变、相位抖动、群时延—频率失真、频率偏移等。

幅度衰减是指信道对不同频率信号的幅度衰减变化。由于信道的频带是有限的，不同频率的信号通过信道时衰减值往往是不一样的，没有频率衰减失真特性的信道是不存在的。例如，在恒定参数的电话信道中，在频率小于300Hz时，每倍频程衰减增加15～25dB；在300～1100Hz范围内衰减比较平坦，在1100～2900Hz之间衰减通常是线性上升的（2600Hz处的衰减比1100Hz处的衰减高8dB）；在2900Hz以上，衰减增加很快，每倍频程增加80～90dB。

为了减小幅度衰减，在设计信道的传输特性时，一般要求把幅度—频率失真控制在一个允许范围内，使衰减的特性曲线变得平坦，这种措施也被称为“均衡”。实际应用中，通常以800Hz为参考频率，信道对其他频率的衰减和对参考频率的衰减之差称为衰减—频率失真$\ddot{A}\alpha \sim f$，CCITT M.1020建议规定了衰减—频率失真的容限范围。

幅度突变是指接收信号幅度突然变化（增加或减小）的数值，一般要求门限值在1～6dB范围内选择。CCITT M.1020建议规定：超过±2dB的幅度突变在15min内应少于10次。当瞬断的门限电平比正常值电平低10dB时，CCITT M.1060建议规定：在15min内应不出现3ms以上的瞬断，如有出现，则在1h内瞬断不得超过2次。

数字信号传输中的码元是一个接一个地传输的，每个码元都有特定（标准）的参考时间位置，如果接收信号的参考位置前后不断摆动，就被称为相位抖动（或相位畸变）。相位抖动对模拟话音通信影响并不显著，这是因为人耳对相位畸变不太灵敏，但对接收数字信号则不然，当数字信号传输速率较高时，相位畸变会引起严重的码间干扰，降低了抗干扰和抗失真的能力，严重时还会造成误码。CCITT M.1020建议规定：优质电路的相位抖动极限值为峰—峰抖动15°，一般不超过峰—峰抖动10°。

相位抖动也会引起信号的畸变和失真，是一种线性畸变，通信系统可以采用“均衡”措施补偿。

信道的相位—频率特性也经常用群时延—频率失真来衡量，所谓群时延—频率失真是相位—频率特性对频率的导数，若相位—频率特性用 $\varphi(\omega)$ 表示，则群时延—频率特性 $\tau(\omega)$ 为：

$$\tau(\omega)=\frac{\mathrm{d}\varphi(\omega)}{\mathrm{d}\omega}$$

群时延—频率失真通常选用通频带内时延最小的频率作为参考频率点，其他频率点的时延值与参考频率点的最小时延值之差 Äτ 随频率的变化就被称为群时延失真（Ä$\tau\sim f$）。CCITT M.1020建议也规定了 Ä$\tau\sim f$ 的容限范围。

当数字传输经过长途信道时，由于调制和解调过程所用的载波频率不一致，接收端收到的信号会和发送端发送的信号不相同，这就是频率偏移。不同的终端设备对频率偏移的要求不相同，CCITT M.1020建议规定的频偏容限为 ± 5Hz。

4. 信道的损伤

（1）信道中的噪声与干扰

信号在信道传输过程中，会遇到各种情况的干扰和噪声，包括各种各样来自系统内部的噪声与外部的干扰。

①系统内部的噪声。系统内部半导体器件中的少数载流子的随机扩散与电子—空穴对的随机复合运动产生散弹噪声；通信设备中的元器件的热运动（热力学温度0K以上都有）产生白噪声。以上两种噪声是不可避免的，只能通过改良通信设备的工艺来改善。

②系统外部的干扰。通信设备工作时处于强电磁环境中，一方面受到自然界雷电、太阳黑子活动等引起的电磁暴干扰；另一方面受其他无线电设备发射电磁波、市电50Hz信号的干扰。这种外界干扰，可通过降低外界干扰源的干扰和增强通信设备的屏蔽能力来改善。

信号在信道中传输时，信道特性的不理想及受到各种各样的噪声和干扰的影响，都会使信号产生畸变（失真），信号失真包括信号的幅度—频率畸变和相位—频率畸变。同时，通信过程伴随着各种各样的噪声，传输中最主要的一种干扰是叠加在信号上面传输的加性噪声，加性噪声与信道中传输的信号存在着相加关系，与信道内信号有无没有关系。

在噪声和干扰不可避免的情况下，需要对通信信号进行调制、编码等变换措施，保证通信质量不下降。从这个意义上讲，传输技术不仅用于传输信号，更需要提高信息传输的有效性与可靠性。通信系统的传输技术根据被传信号特性，分

为模拟传输技术和数字传输技术两大类。

（2）数字传输系统性能指标

现代通信中传递和交流的基本上都是数字化的信息，数字化技术是现代通信的基本特征。从数字信号传输的角度来看，数字通信系统的主要性能指标分为有效性和可靠性指标，其中有效性指标常用信息传输速率、码元传输速率（符号传输速率）、频带利用率等表示，可靠性指标常用误码率和抖动容限表示。

①信息传输速率。信息传输速率是指在单位时间（每秒）传送的信息量，也被称为传信率、比特率。信息量，是消息多少的一种度量，消息的不确定程度愈大，则其信息量愈大。在信息论中，对数字传输信息量的度量单位为“比特”，即一个二进制符号（“1”或“0”）所含的信息量是一个“比特”。所以，数字信号信息传输速率的常用单位是比特/秒（bit/s），除此之外还有kbit/s、Mbit/s、Gbit/s、Tbit/s，一般用符号 f_b 表示。

②码元（符号）传输速率。码元传输速率也被称为符号传输速率，或码元速率、波特率。它是指单位时间（每秒）所传输的码元数目，其单位为“波特”。这里的码元一般指多进制，如二进制、四进制等，它和信息传输速率是有区别的，码元传输速率可折合为信息传输速率进行计算。其转换公式为：

$$f_b = f_B \log_2 M$$

式中：f_b——信息传输速率（二进制传输速率）；

f_B——码元传输速率（消息速率），其单位为波特（Baud或Bd）；

M——码元进制数（符号进制数）。

这里应注意，M 为二进制时波特率与比特率数值是相等的，但两者概念意义是不同的。

③频带利用率。频带利用率是指单位频带内的传输速率。传输的速率愈高，所占用的信道频带愈宽。通常用 η 来表示数字信道频带的利用情况，即频带利用率为：

$$\eta = \frac{传输速率}{频带宽度}$$

当传输速率是码元传输速率时，其单位为波特/赫兹（Baud/Hz）；当传输速率是信息传输速率时，其单位为比特/秒/赫兹（bit/s/Hz）。

④误码率。在数字通信中是用脉冲信号，即用“1”和“0”携带信息。由于通信系统中噪声、串音和码间干扰以及其他突发因素的影响，当干扰幅度超过脉

冲信号再生判决的某一门限值时，就会造成误判成为误码。

在传输过程中受干扰（叠加了噪声）数字信号在判决点处会出现两种情况。

以单极性信号为例：可能把“1”码误判为“0”码，这种情况被称为减码；也可能把“0”码误判为“1”码，这种情况被称为增码。无论是增码还是减码都被称为误码，误码用误码率来表征，其定义为数字通信系统中在一定统计时间内，数字信号在传输过程中发生错误的码元数与传输的总码元数之比。用符号 P_e 表示：

$$Pe=\lim_{n\to\omega}\frac{\text{产生错误码元(个数)}}{\text{传输的总码元(个数)}}$$

这个指标是统计结果的平均值，所以指的是平均误码率。显然，误码率越小，通信的质量越高。

二、有线传输信道

不同的传输介质具有不同的属性，应针对不同的用途应用在不同的场合，发挥不同传输介质的最佳效能。有线信道的电磁能量被约束在某种传输线上传输，包括平行导体传输线、同轴电缆传输线、微带传输线、波导传输线、光纤传输线等。

（一）架空明线和平行双线电缆

架空明线是利用金属裸导线捆扎在固定的线担的绝缘子上，架设在电线杆上的一种通信线路。它主要由导线、电杆、线担、绝缘子和拉线等组成。金属裸导线用于传输电信号。明线电缆是双线并行导体，它仅由两根并行线组成，中间由空气隔离绝缘。间隔相等地设置绝缘衬垫可以保证两导体的距离恒定，两导体的距离通常在2～6in（1in=2.54cm）之间。

架空明线暴露在大自然环境中，它的唯一优点是结构简单，因为没有屏蔽，所以明线传输线辐射损耗高并且易受噪声及外界电磁场的干扰。当传输信号频率较高时，具有一定的辐射性，使线路衰耗和串音增大，所以它的复用程度较低，早期用来开通12路载波电话，传输频率为150kHz，多用于专网通信。目前除了在一些农村地区，已很少使用。

平行双线电缆是一种双线平行导体传输线，两个导体承载电流，其中一个导体承载发出的信号，另一个承载返回的信号，任何一对传输线都可以在平衡模式下工作。平行双线电缆通常被称为带状电缆。除了两导体间的衬垫用连续固体绝缘体取代以外，双导线与明线传输线本质上极为相似，这可以确保沿整个电缆均衡间隔。电视传输电缆两导体间的距离是5～16in，绝缘体的材料通常是特氟隆和聚乙烯。

（二）对称电缆

对称电缆是由若干条扭绞成对（或组）的导电芯线加绝缘层组合而成的缆芯，以及在缆芯外面加上的金属编织物等构成。导电芯线必须具有良好的导电性、柔软性和足够的机械强度。为了保证芯线之间和芯线与保护层之间具有良好的绝缘性能，在每根导线外包裹的绝缘纸带、聚苯乙烯或聚烯烃塑料层被称为绝缘层。金属编织物要连接到地，起屏蔽作用，以减少辐射损耗和干扰。金属编织物可以避免信号辐射出去，也可以阻止电磁干扰到达内部的信号导体。目前，最常用的是软铜线，也可采用半硬铝线，对称电缆主要用于市话用户的电话线。

（三）双绞线电缆

在计算机网络中应用最多的是双绞线电缆（简称双绞线）。双绞线是由两根绝缘的导体扭绞封装在一个绝缘外套中而形成的一种传输介质，通常以对为单位。双绞线作为电缆的内核，根据用途不同，其芯线要覆以不同的护套。相邻的线对要以不同的节距（扭绞长度）进行扭绞，以减少由于相互感应而形成的干扰。双绞线的主要常数是电参数（阻抗、感抗、电容和电导率），它们要随物理环境，如温度、湿度和机械压力以及制造工艺误差等因素的变化而变化。

双绞线是目前局域网最常用到的一种电缆，它既可以传输模拟信号又可以传输数字信号。由于电缆中的每一对双绞线一般是由两根绝缘铜导线相互扭绞而成，每一根导线在传输中辐射的电波会被另一根线上发出的电波抵消，从而使信号的干扰程度降低（使电磁辐射和外部电磁干扰减到最小）。

双绞线按其电气特性进行分级或分类，一般分为非屏蔽双绞线（UTP）和屏蔽双绞线（STP）两大类。对双绞线的定义有两个主要来源：一是EIA（电子工业协会）的TIA（远程通信工业分会），即通常所说的EIA/TIA；另一个来源是IBM。EIA负责“Cat”系列非屏蔽电缆，IBM负责“Type”系列屏蔽电缆。大多数以太网在安装时使用基于EIA标准电缆，而大多数IBM及令牌环网则倾向于使用符合IBM标准的电缆。其中，Cat1适用于电话和低速数据通信；Cat2适用于ISDN及T1/E1，支持高达16MHz的数据通信；Cat3适用于10Base-T或100Mbit/s的

100Base-T4，支持高达20MHz的数据通信；Cat5适用于100Mbit/s的100Base-TX和100Base-T4，支持高达100MHz的数据通信。随着传输介质的发展，近年来在局域网中出现了超5类双绞线和6类双绞线。超5类双绞线属非屏蔽双绞线，比一般的5类双绞线在传送信号时衰减更小，抗干扰能力更强，在100Mbit/s网络中，用户设备的受干扰程度只有普通五类线的1/4。在1000Mbit/s网络中，需要用6类双绞线。

双绞线一般用于星形网的布线连接，每对线可传输60路电话信号，其中Cat3、Cat4和Cat5电缆需要RJ-45的专用连接器。双绞线的缺点是容易受到外部高频电磁波干扰，且线路本身会产生一定的噪声，误码率较高，不支持速率非常高的数据传输。如果用作数据通信网络的传输介质，每隔一定距离需要使用中继器或放大器。

（四）同轴电缆

前面的平行导体传输线适合于低频应用。然而在高频段，它们的辐射损耗和绝缘损耗很大。因此，同轴导体被广泛地用于高频应用以减少损耗并隔绝传输线路。基本的同轴电缆包括一个中心导体，周围是同心的（与中心距离相同）外部导体。在相对高的频段上，同轴外导体提供极好的屏蔽以防止外部干扰。

同轴电缆包括一个中心导体，直径为1.2～5mm，周围是同心共轴的外部导体，外管直径为4.4～18mm，外部导体被物理隔绝，由间隔器与中心导体隔离，属于不对称的结构。间隔器由耐热玻璃、聚苯乙烯和其他一些绝缘体组成。固态柔韧型同轴电缆：外部导体是柔韧的编织物，并与中心导体同轴，绝缘体是固态绝缘聚乙烯材料，以保证内外导体的电隔离。内导体是柔韧的铜线，可以是实心的也可以是空心的。空气填充型同轴电缆造价相对昂贵，为减少损耗，空气绝缘体必须对湿度无严格限制。固态柔韧型同轴电缆的损耗较低并且易于构造、安装和维护。

广泛使用的同轴电缆有两种，一种是阻抗为50Ω的基带同轴电缆，主要用于传输数字信号；另一种是阻抗为75Ω的宽带同轴电缆，主要用于传输模拟信号，如闭路电视信号等。在相对高的频段上，同轴电缆可提供极好的屏蔽，以防止高频电波辐射及外部干扰，同轴电缆的主要缺点是昂贵且必须用于非平衡模式，其低频串音及抗干扰性不如双绞线电缆。同轴电缆主要用在端局间的中继线、交换机与传输设备间连接线、无线发射机与天线之间的馈线、有线电视系统中的用户线电缆和馈线、环形计算机网络等。

（五）微带线和矩形波导

微带线应用于高频（300～3000 MHz）。在印制电路板（Printed Circuit Board，PCB）上使用铜线构成的特殊传输线被称为微带线或带状线，在PCB上被用于元器件的连接。同样，当传输线源端和负载端的距离只有几英寸或更小时，标准的同轴电缆传输线是不适用的，因为连接件、终接器和电缆本身都太大了。微带线仅仅是一个由绝缘体隔离的、与接地板分离的平面导体。接地板作为电路的公共点，必须至少是上层导体宽度的10倍，而且要连接到地。微带线的长度在工作频率上通常是1/4或1/2波长，并等效于非平衡传输线。短路线通常优于开路线，因为开路线有较大的辐射。标准的传输线若作为电抗元件或是调谐电路来使用就太长了。微带线可以用于构成传输线、电感、电容、调谐电路、滤波器、移相器和阻抗匹配设备。

平行传输线，包括同轴电缆，都不能有效地传输20GHz以上的电磁波，这是由于集肤效应和辐射损耗造成了严重的衰减。另外，平行传输线也不能用于传输较高功率的信号，因为高电压会导致两导体间的隔离绝缘材料的损坏。因此，在高于UHF的频率及微波中很少应用平行传输线。对于UHF和微波波段，除了微带线外，还有多种传输线可供选择，其中包括光缆和波导等传输介质，光纤实际上也是一个圆柱波导。

波导管（Wave Guide）的最简单形式是一个空心导管，其横截面通常是矩形，但也有圆形或椭圆形波导，可以限定电磁波能量的边界。由于波导管的管壁是导体，因此在它们的内表面可以反射电磁波。如果波导管壁是良导体且很薄，则壁内无电流流过，因此能量损耗很小。在波导管内，并不是依靠管壁传导能量的，而是通过波导管内的电介质传播能量，其电介质通常是干燥的空气。本质上，波导就是将同轴双导体传输线中的内导体抽出去而得到的单导体传输线。电磁波的能量在波导管内以“Z”字形来回反射并不断向前传播。在讨论波导管的传输特性时，不再使用传输线的电压、电流概念，而需要依据电磁场的概念（如电场和磁场）。最常用的波导是矩形波导。

不像其他电缆传输线有最高频率的限制，波导受限于最低频率即截止频率（Cut-off Frequency）。低于截止频率的信号将不能在波导中传播。相应地，允许通过波导的最大波长为截止波长（Cut-off Wavelength）。截止波长的定义为可在波导内传播的最大波长。换句话讲，只有工作频率对应的波长小于截止波长，电磁波才能在波导内传播。截止波长和截止频率由波导的横截面尺寸决定，若波导的横截面宽度尺寸为 a ，则其截止波长为 $\lambda_c = 2a$ ，即截止频率发生在波长为 $2a$ 对应的频率上，同样意味着波导的横截面尺寸应该与传输信号的波长在同一个数量级上。

（六）光纤

金属电缆具有使用方便、价格较便宜、寿命长、技术成熟等特点，主要应用于速率较低的短距离信息传输（局域网、用户接入网、用户线和一些专用网中应用较多），但是金属电缆具有传输衰耗较大，容易受噪声的干扰等缺点。光缆（光纤）具有重量轻、传输容量大、频带宽、抗干扰能力强等优点，光纤（光缆）已在长途通信网、市话通信网中取代原来的电缆，并努力实现全网光纤化、光纤到路边、光纤到家的宽带通信理想。

随着光通信技术的飞速发展，现在人们可以利用光导纤维来传输数据。光纤（Optical Fiber）是由中心的纤芯和外围的包层同轴组成的圆柱形细丝。在通信中，光纤和原来传电话的明线、电缆一样，是一种信息传输介质，只是它传输的信息量要比电缆高出成千上万倍，可达到几百Mbit/s，且传输衰耗极低。纤芯的折射率比包层稍高，损耗比包层更低，光能量主要在纤芯内传输。通过提高材料纯度和改进制造工艺，可以在宽波长范围内获得很小的损耗。包层为光的传输提供反射面和光隔离，并起到一定的机械保护作用。

第二节　传输技术基础

一、模拟传输技术基础

依据信号在传输时是否经过调制（载波频率搬移），完成模拟信号传输的系统分为两大类：一类是基带模拟传输系统；另一类是高频窄带模拟传输系统。

（一）基带模拟传输系统

基带模拟传输系统是一种通信系统，它直接对基带信号（未经过调制的信号，通常指的是消息信号的原始电信号形式）进行传输，而不需要将基带信号调制到一个载波频率上。这种传输方式主要用于低频信号、短距离通信或者在对带宽限制不严格的介质中，比如音频信号通过扬声器线缆的传输。

基带模拟传输系统的基本组成部分：①信源。产生要传输的信息，如声音、图像等，这些信息最初以模拟信号的形式存在。②发送端处理。可能包括信号放大、滤波等预处理步骤，目的是优化信号以便于传输，同时可能根据需要进行一定的编码来提高传输效率或增强抗干扰能力。③传输介质。用于携带信号的物理路径，如双绞线、同轴电缆、光纤等。基带传输对介质的要求较高，因为不是所有的介质都适合未经调制的低频信号的长距离传播。④接收端处理。接收到信号后，需要进行放大、滤波和解码等操作，以恢复原始的基带信号。在这个过程中可能会有噪声过滤和信号增强的措施，以减少传输过程中的失真和干扰。⑤信宿。最终接收并呈现信息的设备或人，如扬声器、显示器等。

基带模拟传输的优点是系统相对简单，成本较低，适用于近距离高质量信号传输。但其缺点也很明显，包括传输距离有限、容易受到干扰、不能在多路复用的系统中与其他信号共享信道等。因此，在长距离或需要高效利用频谱资源的通信场景中，通常会采用带通调制技术，即将基带信号调制到高频载波上，实现更远距离和更高效率的传输。

（二）高频窄带模拟传输系统

高频窄带模拟传输系统是一种结合了高频传输特性和窄带技术的模拟通信系统。在这样的系统中，信息首先被转换成模拟信号，然后通过调制过程将这个模拟信号加载到一个高频载波上，以便于远距离传输。与宽频带系统相比，窄带系统的特点是使用的频带宽度相对较窄，这意味着它在传输能力上可能有所限制，通常更适合传输低速数据和语音信号。

高频窄带模拟传输系统的几个关键特点：①高频传输。使用高频载波可以有效地支持远程通信，因为高频信号具有更好的穿透力和更远的传输距离。此外，高频还允许使用天线尺寸相对较小的设备，便于移动和便携式应用。②窄带特性。窄带意味着系统占用的频谱资源较少，这有助于频谱的高效利用，尤其是在频谱资源紧张的情况下。窄带系统一般只能承载低数据率的传输，如语音通话、遥控信号或某些传感器数据。③抗干扰能力。虽然模拟信号本身抗干扰能力较弱，但窄带系统通过限制信号带宽可以在一定程度上减少受到其他信号干扰的机会。此外，结合适当的调制技术和解调技术（如频率调制FM），可以进一步提升系统的抗噪性能。④多径效应与多普勒频移的应对。高频窄带系统在面对多径传播导致的信号时延、相位变化和多普勒频移等问题时，可以通过采用特定的信号处理技术（如均衡器、分集接收技术）来减轻影响，保持通信质量。⑤功耗与成本。窄带系统通常与低功耗和低成本相关联，因为它对硬件设备的要求相对较低，特别适合于需要长电池寿命或大规模部署的物联网（IoT）应用。

这种类型的系统在传统无线电通信、某些无线传感网络以及早期的移动通信系统中较为常见。随着技术的发展，尽管数字通信系统因其高效率和强抗干扰能力而逐渐占据主导地位，但在特定的应用场景下，高频窄带模拟传输系统仍然有其存在的价值。

二、数字传输技术基础

数字电路在集成化、小型化和综合化方面远比模拟电路方便，数字通信抗噪声干扰能力强，无噪声积累，数字信号便于集成、加密和处理，因此，数字传输技术高速发展，在信息的长途传输中，数字化率超过99%，数字化成为现代通信最为基本的特征之一。

数字终端设备送出的数字信号码流，是按一定规律（按帧结构）输出的。这些信号要放到各种数字信道上去传输，还需要经过一系列的变换才能与信道特性、抗干扰能力匹配，达到最佳传输效果。数字传输技术可分为数字基带传输和数字频带传输两大类。

（一）数字基带传输

所谓基带传输，是指不经过调制而直接将原始基带信号送到线路上进行传输的一种方式。信源端的模拟信号经过PCM数字化编码后，输出的数字信号是基群（低次群）的码流，该码流可不经调制，直接在电缆上作短距离传输，这就是基带传输，在此信道上传输的数字信号就是数字基带信号。

1. 数字基带信号

数字基带信号，就是消息信号代码的电波形，下面以矩形脉冲组成的基带信号为例，认识常用的两种基带信号波形。

（1）单极性不归零（NRZ）码

该消息代码由二进制符号0、1组成，基带信号的零电位及正电位分别对应数字信号0和1，单极性不归零码频谱含有直流分量和丰富的低频分量，因此不适合作基带传输码型。单极性不归零码在一个码元周期内，不是有电压（或电流），就是无电压（或电流），电脉冲之间无间隔，极性单一。

（2）双极性不归零码

双极性波形就是二进制符号0、1分别与正、负电位对应的波形，它的电脉冲之间也无间隔，但是由于双极性波形，故当0、1符号等概率出现时，它将无直流分量。

（3）单极性归零（RZ）码

单极性波形就是二进制符号0、1分别与零、正电位对应，且有电脉冲宽度比码元宽度窄的波形，每个脉冲都回到零电位。

（4）双极性归零码

双极性波形就是二进制符号0、1分别与正、负电位对应的波形，它的电脉冲之间存在零电位间隔，即相邻脉冲之间必定留有零电位的间隔。

从频谱可以看出，以上4种码型显然不符合基带传输码型的条件，所以不能作基带传输码型。

2. 常用的数字基带传输码型

根据电缆信道的特点及传输数字信号的要求，为了防止在信道中传输的数字信号产生严重畸变，选择的数字基带码要满足以下几个条件：①码型中，高、低频成分少，无直流分量；②在接收端便于定时时钟提取；③码型应具有一定的检错（检测误码）能力；④设备简单、易于实现。

满足或部分满足以上特性的传输码型种类繁多，下面是常见的几种码型：①双极性半占空码（AMI），也被称为双极性半占空交替反转码，是一种将消息代码0（空号）和1（传号）按如下规则进行编码的码型：代码中的0变换为传输码0，而代码中的1交替地变换为传输码的+1、–1、+1、–1、……②CMI码，是传号反转码的简称，其编码规则为："1"码交替用"11"和"00"表示，"0"码用"01"表示，其中"10"则为禁字不准出现，接收端可据此判决为误码。③Manchester码，又称双相码，它是每个二进制代码分别利用两个具有不同相位的二进制新码去取代的码，编码规则之一是："0"码用"01"表示，"1"码用"10"表示，编码后0、1的统计概率相等。双相码的特点是只使用两个电平，而不像前面的3种码具有3个电平，这种码既能提供足够的定时分量，又无直流漂移，编码过程简单，缺点是双相码的带宽要宽些。④Miller（密勒）码，又称延迟调制码，它可看作是双相码的一种变形。编码规则如下："1"码用码元持续时间中心点出现跃变来表示，即用"10"或"01"表示。"0"码分两种情况处理：对于单个“0”时，在码元持续时间内不出现电平跃变，且与相邻码元的边界处也不跃变；对连“0”码，在两个“0”码的边界处出现电平跃变，即“00”和“11”交替。若两个“1”码中间有一个“0”码时，密勒码流中出现最大宽度为$2T_B$的波形，这一性质可用于误码检测。双相码的下降沿正好对应于密勒码的跃变沿，因此，双相码的下降沿可用来触发双稳电路，即可输出密勒码。密勒码最初用于气象卫星和磁记录，现在也用于低速基带数传机中。⑤nBmB码，是一类分组码，它将原信息码流的n位二进制码作为一组，变换为m位二进制码作为新的码组。由于$m>n$，新码组可能有$2m$种组合，故多出（$2m-2n$）种组合。从中选择一部分有利码组作为可用码组，其余为禁用码组，以获得较好的特性。前面的双相码、密勒码和CMI码都可以看作1B2B码。

在光纤传输系统中，通常选择$m=n+1$，取1B2B码、2B3B码及5B6B码等。其中，5B6B码型已实用化，用作三次群和四次群的线路传输码型。

（二）数字频带传输

所谓频带传输，是指原始电信号在发送端先经过调制，再送到线路上传输，接收端则要进行相应解调才能恢复出原来的基带信号。在无线信道（如短波、数字微波、卫星、移动通信等）和光纤信道中，数字基带信号必须通过频带调制后才能在带通型信道中传输，这里将信号频谱搬移到高频段的过程称为调制。调制的作用是把消息置入消息载体，便于传输或处理。调制是各种通信系统的基础技术，也广泛用于广播、电视、雷达、测量仪等电子设备。在通信系统中为了适应不同的信道情况（如数字信道或模拟信道、单路信道或多路信道等），常常要在发信端对原始信号进行调制，接收端完成调制的逆过程——解调，还原出原始信号。完成调制与解调任务的设备被称为频带调制解调器（Modem）。

1. 数字信号的无线传输

数字信号通过空间以电磁波为载体传输到对方，被称为无线传输。通常把要传送的数字信号称为数字基带信号。携带数字基带信号的电磁波为振荡波，通常被称为载波，最简单的就是正弦波或余弦波，$f(t)=A\sin(\omega t+\phi)$。把数字基带信号变换为载波的过程被称为调制。经过调制的数字信号被称为数字频带信号。

2. 数字信号的基本调制与解调

以上讲到的载波，实际上是携带数字信号的电磁波，可用正弦波

$f(t)=A\sin(\omega t+\phi)$ 中的振幅 A 、频率 ω 及相位 ϕ 来携带数字信号。

调制是改变一个更高频率信号的某些特征物理量或参数（如幅度、频率、相位等）的过程，这一高频信号常被称为载波，它一般由载波振荡器（如振荡电路、激光器等）产生。信息信号与载波在调制器中组合产生已调波。信息可以是模拟或数字形式，调制器可以完成模拟调制或数字调制。调制过程常伴有频率转换，将一个频率或频带变换到频谱上的另一个位置的过程被称为频率转换（一般信息信号在发射机中从低频上变频到高频，而在接收机中则从高频下变频为低频）。频率转换是电子系统的一个复杂的部分，因为信息信号在通过被称为信道的系统中传送时要上下变换许多次。已调信号通过传输系统传送到接收机，在接收机中被放大、下变频，然后解调以恢复原始的信源。

数字信号的调制与解调是数字无线通信的关键技术，而且相当复杂，理论研究较深，这里只能进行简单基本的分析。数字调制有四种基本方式：二进制幅移键控、二进制频移键控、二进制相移键控、二进制相对相移键控。还有通过这些基本二进制调制方式的组合和变异。

（1）四种基本调制方式

①二进制幅移键控（2ASK）。幅移键控是利用载波的幅度变化来携带数字信息，它的实现比较简单，是各种调制技术的基础。

二进制幅移键控（2ASK）就是数字信号“1”和“0”的振幅调制，换句话说，是利用载波的振幅变化去携带信息，而载波的频率、相位都保持不变。

②二进制频移键控（2FSK）。频移键控就是数字信号频率键控，换句话说，是利用已调波的频率变化去携带信息，而载波的振幅和相位不变。

③二进制相移键控（2PSK）。相移键控就是数字信号相位控制，换句话说，是利用已调载波信号的相位去携带数字信息。而载波的振幅和频率都不变化，只用两个相位来表征数字信号“1”和“0”。如“1”码对应0相位，数字信号“0”对应 π 相位，这种相位调制方式被称为绝对二相调制。

④二进制相对相移键控（2DPSK）。所谓相对调相，不是像绝对调相那样对应数字信号“1”和“0”以固定的相位关系，而是一种相对的关系，其调制规律如下：当遇到基带信号“1”码时，载波的相位相对于前一个码元相位改变 π（即倒相）；当遇到“0”码时，载波的相位相对于前一个码元相位不变，当然此规律也可反而用之。

（2）基本调制方式的解调

①2ASK调制信号的解调。二进制振幅键控信号的解调与模拟调幅信号解调一样，分为非相干解调（包络检波）和相干解调（同步检波）两种。

在相干解调中，接收端必须提供一个与2ASK信号的载波保持同频同相的相干载波$C(t)$，否则会造成解调后信号的波形失真，相干载波一般可通过窄带滤波或锁相环路来提取。在实践中，从2ASK信号中提取相干载波是比较困难的，将给设备增加很多复杂性，实际中很少采用相干检测法解调2ASK信号。

②2FSK调制信号的解调。2FSK信号的相干解调也被称为最佳接收法，由于从2FSK信号中提取相干载波比较困难，因此多采用非相干解调法。但随着同步技术的发展，相干解调法正得到越来越多的应用。非相干解调法分为最佳非相干解调法、分路滤波法、鉴频法和过零检测法等。鉴频法由前置带通滤波器、限幅器、鉴频器和整形器组成，过零检测法由限幅器、微分器、整流器、脉冲展宽器和低通滤波器组成。

③2DPSK调制信号的解调。2DPSK的相干解调与2PSK的相干解调过程类似，但得到的是相对码序列，需要变换成绝对码序列。

根据无线通信的种类、数字基带信号速率以及传输的方式、空间信道的参数和环境等条件的差异，可采取多种不同的调制方式。

3. 组合调制方式（选读）

更高速率的数字基带信号如PDH系列四次群139.264Mbit/s以及SDH数字系列数字微波通信系统，在调制时采用更多调相相位以降低其速率，下面就对实用高码率的数字基带信号组合调制方式进行讨论。

（1）16QAM调制

QAM调制方式，既调幅又调相，属于组合调制方式，下面以16QAM为例进行简单分析。16QAM已调波用矢量图表示时有16个矢量，其矢量的长短不一。与16QAM比较，16PSK的16个矢量端点不再被限制在一个圆周上，矢量端点之间的距离较远。在解调时，区别相邻已调波矢量就比较容易，故误码率低。当把坐标原点与各矢量端点连线（画出矢径）后，可以看出，各已调波矢量的幅度和相位都发生了变化，所以说，QAM调制方式是既调相又调幅的组合调制方式。

按照叠加原理，还可推导出64QAM调制以及更高的如128QAM和512QAM调制等。

（2）16QAM正交调制器

QAM调制的调制器电路有正交调制法和4相叠加法，我国目前使用的设备基本是前者。

（3）多进制正交调幅（MQAM）与其解调方式

更多相位的调制（多进制）的调幅（MQAM）可由16QAM推广而得到，通过对数字基带信号的串变变换及电平变换后再送入线性调制器，进行正交调幅，经合成为MQAM调制信号。

第四章　卫星通信网络

第一节　卫星通信系统与网络

自第一颗通信卫星诞生以来，卫星通信就取得了令人瞩目的成就，不仅能够承载传统的电话和电视广播业务，还能够提供宽带、互联网和数字卫星广播业务。随着用户对带宽和移动性需求的不断增长，卫星通信已经能够为超出地面网络范围的区域提供全球覆盖和更大带宽服务，并将在未来显示出越来越重要的作用。

卫星通信系统一般由卫星和众多地球站组成，以提供无线通信服务。我们可以将卫星通信系统或其中的一部分称为卫星网络，其中包含了众多卫星终端节点和链路。随着网络技术的发展，卫星网络将进一步与全球网络体系结构进行融合。因此，与地面网络和协议的互联就成为卫星网络面临的一项重要任务。

一、概述

卫星网络最终的目的是提供服务和应用。用户终端向用户直接提供服务，网络则在相隔一定距离的用户之间提供承载信息的传输服务。一个典型的卫星网络环境，包括地面网络、部署星际链路的卫星、固定地球站、移动地球站、手持终端，以及直接连接到卫星链路的用户终端或通过地面网络连接到卫星链路的用户终端。

在地面网络中，实现远距离通信和广域覆盖，需要构建大量通信链路和节点。卫星通信的特点使卫星网络与地面网络在传输距离、带宽资源的共享、传输技术、系统设计、开发与运营、费用和用户需求等方面都有着本质的区别。

从功能上讲，卫星网络能够在用户终端之间提供直接的通信连接，也可以使终端远程接入地面网络，还可以在地面网络之间提供通信连接。用户终端是最终为用户提供服务和应用的部分，它通常独立于卫星网络，也就是说，同一个终端既可以接入卫星网络，也可以接入地面网络。卫星终端，也被称为地球站，组成了卫星网络的地面段，通过用户地球站（UES）可以为用户终端提供卫星网络的接入，通过网关地球站（GES）则为地面网络提供卫星网络的接入。卫星是卫星网络的核心，从功能和物理连接上讲，也是整个网络的中心。

典型的卫星网络包括卫星、通过卫星连接的几个大型网关地球站和许多小型的用户地球站。用户地球站用于直接连接用户终端，大型的网关地球站用于连接地面网络。用户地球站和网关地球站定义了卫星网络的边界，可视为卫星网络边界节点。与其他类型的网络类似，用户通过边界节点访问卫星网络。对于移动和便携式地球站，用户终端和地球站的功能通常融合在一个设备单元中。

从卫星网络的接口来看，卫星网络通常包括两类外部接口：一类是在用户地球站（UES）和用户终端之间的接口；另一类是网关地球站（GES）和地面网络之间的接口。在卫星网络内部有三类接口：UES与卫星传输系统之间的接口，GES与卫星传输系统之间的接口，卫星之间的星际链路（ISL）。所有链路都是无线链路，而ISL还可以使用光链路实现。此外，卫星网络与一般网络一样，可以配置星状或网状拓扑，支持点到点、点到多点和多点到多点连接，同样也有用户网络接口（UNI）和网络节点接口（NNI）。

对卫星网络而言，链路带宽是非常重要的稀缺资源，在网络中带宽只能通过共享的方式使用，并尽可能将其利用率最大化。卫星网络的另一重要资源是发送功率，对于移动用户终端或依靠电池供电的远端地球站以及依靠电池或太阳能供电的卫星，功率都会受到很大限制。特定环境下的带宽和发射功率决定了卫星网络的整体容量。

卫星网络最重要的作用是通过用户终端提供接入能力以及与地面网络进行互联。这样，地面网络提供的应用和业务，如话音、电视、宽带接入和网络连接，就能够被扩展到电缆和地面无线设备无法安装与维护的地方，而且卫星网络还能够将这些业务扩展到轮船、航天器等交通工具以及太空和其他地面网络无法到达的地方。卫星网络在军事、气象、全球定位系统、环境监测、私有数据和通信业务等方面同样扮演着重要的角色，未来在需要全球覆盖的新业务、新应用（如宽带网络、下一代移动网络和全球数字广播业务）的发展方面也将发挥重要的作用。

二、卫星通信系统的组成

典型的卫星通信系统可分为两大部分：空间段和地面段。空间段包括卫星和对卫星进行控制所需要的地面设施，如跟踪、遥测和指令（TT&C）设施。地面段由发送和接收地球站组成。

卫星网络的设计通常与业务需求、轨道、覆盖面积和频段的选择有关系。

（一）空间段

卫星是整个系统的重要组成部分，也是卫星网络的核心，它包括有效载荷和公用舱。公用舱包括承载有效载荷的舱体，还包括为有效载荷提供服务所需要的电源、姿态控制、轨道控制、热控及跟踪、遥测和指令（TT&C）等设施，用于维持卫星系统的正常运转。

有效载荷包括转发器和天线。天线承担了接收上行链路信号和发射下行链路信号的双重任务，为卫星网络提供了基本的覆盖能力。转发器是构成通信卫星中接收和发射天线之间通信信道的互相连接的部件集合，现代卫星还具有星上处理（OBP）和星上交换（OBS）功能。转发器通常可分为以下几种：①透明转发器。具备信号转接能力，接收从地球站发来的信号，对信号进行放大和频率变换后再转发给地球站。具有透明转发器的卫星被称为透明卫星。②星上处理转发器。除了具备透明转发器的功能外，在将信号从卫星发向地球站之前还完成数字信号处理（DSP）、再生和基带信号处理。具有星上处理转发器的卫星被称为星上处理卫星。③星上交换转发器。除了具备星上处理转发器的功能外，还具备交换功能。同样，具有星上交换转发器的卫星被称为星上交换卫星。随着互联网技术的迅速发展，人们也在不断地对星上路由技术进行试验。

此外，尽管卫星控制中心（SCC）、网络控制中心（NCC）或网络管理中心（NMC）通常位于地面，但它们也被认为是空间段的一部分。

卫星控制中心（SCC）：负责卫星正常运行的地面系统。通过遥测链路监测卫星上各个子系统的工作状态，通过遥控链路控制卫星保持在正确的轨道位置。卫星控制中心利用专用链路（不同于通信链路）与卫星进行通信，从卫星接收遥测数据，向卫星发送遥控信息。有时，也在地面的不同地点设置一个备份中心，以提高系统的可靠性和可用性。

网络控制中心（NCC）或网络管理中心（NMC）：主要功能是对网络中的数据流、星上与地面的相关资源进行管理，实现对卫星网络的高效利用。

（二）地面段

卫星通信系统的地面段由各类地球站组成，主要完成向卫星发送信号和从卫星接收信号的任务，同时也提供了到地面网络或用户终端的接口。地球站是卫星网络的一部分，主要包括最简单的电视单收站、船（车、机）载站、固定站、便携站，以及用于国际通信网的终端地球站。一个典型的地球站由接口设备、信道终端设备、发送/接收设备、天线和馈线设备、伺服跟踪设备与电源设备组成。

接口设备：处理来自用户的信息，实现电平变换、信令接收、信源编码、信道加密、速率变换、复接、缓冲等功能，并将来自用户的信息送往信道终端设备；同时将来自信道终端设备的接收信息进行反变换，并发送给用户。

信道终端设备：处理来自接口设备的用户信息，实现编码、成帧、扰码、成形滤波、调制等功能，使其适合在卫星线路上传输；同时将来自卫星线路上的信息进行反变换，使之成为可被接口设备接收的信息。

发送/接收设备：将已调制的中频信号转换为射频信号，并进行功率放大，必要时进行合路；对来自天线的信号进行低噪声放大，并将射频信号转换为中频信号送入解调器，必要时进行分路。

天线和馈线设备：将来自功率放大器的射频信号变成定向辐射的电磁波；同时收集卫星发来的电磁波，送至低噪声放大器。

伺服跟踪设备：即使是静止卫星，也不是绝对静止的，而是在一定的区域中随机飘移。对于方向性较强的天线，必须随时校正自己的方位角与仰角以对准卫星。

电源设备：卫星通信系统的电源要具备较高的可靠性。特别是大型站，一般配有几组电源，除市电外，还应有柴油发电机和蓄电池。

三、通信卫星的轨道和频率

轨道是卫星通信系统的重要资源之一，卫星需要在正确的轨道上为服务区域提供覆盖。划分卫星轨道的方法通常有多种。

根据卫星的高度，卫星轨道可分为下列几种。

低轨道（LEO）：轨道高度小于5000km，卫星运行周期为2～4小时。

中轨道（MEO）：轨道高度为5000~20000km，卫星运行周期约为4～12小时。

高椭圆轨道（HEO）：轨道高度大于20000km，卫星运行周期大于12小时。

此外，位于地球上空35786km的对地静止轨道（GEO）卫星的运行周期与地球自转周期相同，且方向一致，使得卫星与地面的相对位置保持不变，卫星在空中就好像静止一样，因而成为众多卫星通信系统采用的轨道形式。

需要注意的是，在选择轨道高度时要考虑太空中的两个特殊区域：①范艾伦辐射带。由于地球磁场从太阳风中俘获了大量高能电子和质子，在地球赤道上空形成了两个高能辐射环带（范艾伦内带、范艾伦外带），带内的高能粒子穿透力极强，对人造卫星的电子电路损害很大，特别要避免卫星在范艾伦辐射带带内长时间驻留。②空间碎片带。航天器在到达寿命后都被弃置在这个区域。它将给未来的卫星系统，尤其是卫星星座和航天任务带来严重影响，因此正逐步受到国际社会的关注。

频率资源是卫星网络的另一个重要资源，也是一种稀缺资源。卫星系统中使用的无线频谱跨越了从30MHz到300GHz的频率范围，早期由于器件水平和大气传播效应的限制，60GHz以上的频率通常不被使用。在历史上，卫星通信使用的无线频谱中的一部分曾被用于地面的微波通信，现在也用于GSM和3G网络等地面移动通信和无线局域网中。

除此之外，卫星与地球站之间的传输环境会受到雨、雪、大气和其他因素的影响，卫星上由太阳或电池供应的有限能量也限制了卫星通信能够使用的频率。

卫星通信系统的链路容量受限于传输使用的带宽和传输功率。

频段是由国际电信联盟（ITU）分配的，目前分配了几个频段供卫星通信使用。表4-1列出了卫星通信可使用的典型频段。在历史上，C频段通常使用6GHz的上行链路和4GHz的下行链路，许多固定业务（FSS）仍然在使用该频段。军事和政府系统使用8/7GHz的X频段。还有一些系统工作于14/12GHz的Ku频段。由于Ku频段已接近饱和，新一代卫星系统已开始使用Ka频段以进一步扩展可用带宽。表4-2列出了这些频段的典型应用。

表4-1　卫星通信的典型频段

名　称	频段/GHz
UHF	0.3 ~ 1.12
L频段	1.12 ~ 2.6
S频段	2.6 ~ 3.95
C频段	3.95 ~ 8.2
X频段	8.2 ~ 12.4
Ku频段	12.4 ~ 18
K频段	18 ~ 26.5
Ka频段	26.5 ~ 40

表4-2　GEO卫星频段典型应用

<table>
<tr><th>名　称</th><th>上行链路/GHz（带宽）</th><th>下行链路/GHz（带宽）</th></tr>
<tr><td>6/4C频段</td><td>5.850 ~ 6.425（575MHz）</td><td>3.625 ~ 4.2（575MHz）</td></tr>
<tr><td rowspan="3">8/7X频段</td><td rowspan="3">7.925 ~ 8.425（500MHz）</td><td>7.25 ~ 7.75（500MHz）</td></tr>
<tr><td>10.95 ~ 11.2 >（2500MHz）</td></tr>
<tr><td>11.45 ~ 11.7
12.5 ~ 12.75
（1000MHz）</td></tr>
<tr><td rowspan="2">（13 ~ 14）/
（11 ~ 12）Ku频段</td><td rowspan="2">13.75 ~ 14.5（750MHz）</td><td>10.95 ~ 11.2</td></tr>
<tr><td>11.45 ~ 11.7
12.5 ~ 12.75
（700MHz）</td></tr>
<tr><td>18/12BSS频段</td><td>17.3 ~ 18.1（800MHz）</td><td></td></tr>
<tr><td>30/20Ka频段</td><td>27.5 ~ 30.0（2500MHz）</td><td>17.7 ~ 20.2（2500MHz）</td></tr>
<tr><td>40/20Ka频段</td><td>42.5 ~ 45.5（3000MHz）</td><td>18.2 ~ 21.2（3000MHz）</td></tr>
</table>

四、卫星通信的特点

目前使用的大多数通信卫星都是射频中继或“弯管式”卫星。而星上处理卫星则通常会对接收到的数字信号进行再生，也可以对数字比特流进行解码和重新编码，或者具备大容量交换能力和星际链路（ISL）。

卫星通信系统中的无线链路为网络分层参考模型中的物理层提供实际的比特和字节传输能力。卫星位于离地球站很远的太空，因此，卫星链路与其他通信链路相比存在以下特征，这些特征可能会对卫星网络的组成和应用造成一定的影响。

（一）传输时延

对于GEO卫星而言，信号从地球站到卫星，再到另一个地球站经历的时延约为250ms。往返传输时延约为2×250ms，即500ms。这比信号在普通的地面系统经历的时延大很多。由此带来的问题是增加了传输系统中链路响应的时延，因此需要在卫星网络的协议和信令设计方面尤其小心，否则协议响应时间或呼叫建立时间就会过长。

（二）传播损耗和功率限制

对于视距通信的微波来说，自由空间传播损耗可能高达145dB。对位于36000km高空、工作于4.2GHz频率的卫星而言，自由空间传播损耗为196dB；当工作于6GHz时，损耗为199dB；工作于14GHz时，损耗为207dB。对于从地球到卫星的链路，可以通过使用高功率发送设备和高增益天线来解决损耗问题。而从卫星到地球的链路，则通常是功率受限的，其原因是：一些频段是与地面业务公用的，如4GHz频段，因此要确保与这些业务之间没有干扰；卫星需要从太阳能电池获得能量，为了产生足够的射频功率，需要耗费大量能量。因此，从卫星到地球的下行链路对系统而言非常关键，从该链路接收到的信号强度将比一般的无线链路低很多。传播损耗可能导致数据传输误码，影响某些网络协议的正常运行。

（三）轨道空间和带宽受限

目前卫星轨道空间拥挤，如赤道轨道已经布满了GEO卫星，卫星系统之间的射频干扰也逐渐增大。这对于采用小天线地球站的系统影响更大，因为这些系统往往波束覆盖更广。所以，卫星通信系统能够使用的频率资源非常有限，这会对

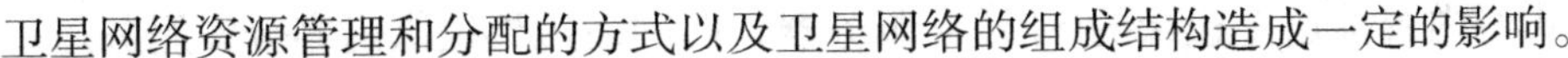

卫星网络资源管理和分配的方式以及卫星网络的组成结构造成一定的影响。

（四）广播能力

由于通信卫星离地面距离远，单颗卫星的覆盖范围大，例如，单颗GEO卫星可以覆盖超过地球表面三分之一的面积，其覆盖范围内的各种终端均可通过该卫星实现通信。同时，卫星具有天然的广播特性，这使得卫星网络能够利用单颗卫星实现大范围内的广播通信。

（五）LEO系统运行复杂

除了GEO卫星，还有一类新型的低轨道（LEO）卫星系统，这类系统进一步拓展了卫星系统的容量和应用范围。这类系统中的卫星轨道高度更低，这会缓解时延和损耗的问题，但由于LEO星座中的卫星处于快速移动中，因此维持地球站终端与卫星之间的通信链路就更加困难，导致网络管理和控制的复杂性增加。

第二节　卫星通信网络体系结构

一、宽带多媒体卫星通信系统

（一）基本概念

宽带多媒体卫星通信系统（Broadband Satellite Multimedia，BSM），广义上指承载新型宽带多媒体业务的各种高速卫星通信系统。这个概念是对业务层面特征的描述，而对于业务的承载体制则应是多种多样的。因此，无论是承载高清电视（HDTV）的BSS（卫星广播业务）系统，还是承载移动多媒体业务的MSS（卫星移动业务）系统，或是提供宽带网络接入服务的FSS（卫星固定业务）系统，都应列入宽带多媒体卫星通信系统的范畴。

（二）系统组成

1. 卫星网络场景

宽带多媒体卫星通信网可分为三个组成部分：核心网、分发网和接入网。

①接入网位于网络边缘，与用户终端系统进行交互，为终端用户提供接入服务。

②分发网介于核心网与接入网之间，用于连接接入网和核心网，并以广播或

组播方式将内容推送至边缘的ISP缓存服务器，向网络边界提供内容分发服务。

③核心网由高速交换节点（交换机或路由器）组成，负责大容量的高速连接和交换，提供干线互联服务。

卫星网可提供广播、组播及点到点服务。除了提供全球或远程通信服务，卫星还可提供区域性的骨干通信和接入服务，包括接入一些类似于互联网应用的增值业务。利用系统中点到点的高速传输能力，可为ISP提供干线节点的洲际连接；利用系统点到多点的组播广播能力，可实现网络上的内容向边缘缓存服务器的高速推送；利用系统多点到点的共享接入能力，可以使众多边远地区的用户利用卫星解决“最后一公里”的接入问题。卫星具有天然的广域覆盖能力，因此也可以用于传送数字视频之类的宽带广播业务。

2.IP 组网场景

在全球互联网中，BSM系统可作为一个IP子网。只有一小部分IP主机与BSM系统直接连接，因此，要求所有通过BSM系统传输数据的IP主机（包括端主机和路由器之类的中间主机）修改它们的IP层协议是不现实的。所以，在BSM系统中，实现IP业务互联的主要原则是在卫星终端（ST）后端连接的地面网络一侧（非卫星侧），所有IETF（Internet工程任务组）互联协议都不应被改变。

此外，在T连接的卫星链路侧，IP层协议在适当的时候可以被修改，以更好地适应BSM系统的特性，这些特性主要包括较长的时延和较大的时延—带宽积、卫星网络高利用率的需求和容量受限的现状、卫星天然的组播能力、广域覆盖、多点波束、星上交换和路由、星上带宽控制等。

对IETF互联协议的修改完全限制在BSM系统边界之内的方法并不是BSM系统特有的，在下一代网络（NGN）的很多IP网络中都使用了该方法，如虚拟专用网和移动IP。这使得BSM系统与地面通信基础设施之间保持了相对独立性，使之成为地面基础设施的有效补充，能够充分发挥卫星系统为边远地区提供通信服务的优越性。

（三）BSM网络类型和拓扑结构

1.BSM 网络类型

BSM网络可以采用透明或者转发式卫星来构建。采用透明卫星构建的结构通常被称为“弯管式结构”，在这种结构中，卫星载荷只完成物理层功能（如转发），不介入卫星空中接口其他层的功能，卫星载荷将上行链路信号透明地转发到相应的下行链路上；采用转发式卫星构建的结构是指在卫星载荷中还提供除转发之外的其他功能的结构。通常，卫星载荷实现物理层和空中接口的一层或多层功能。

同时，根据卫星星上处理配置、反向信道和网络拓扑结构的不同，BSM网络可分为三种类型，如表4-3所示。

表4-3　BSM网络类型

BSM网络类型	TSS	TSM	RSM
卫星星上处理配置	透明卫星	透明卫星	再生式卫星
反向信道	卫星	卫星	卫星
网络拓扑	星状	网状	网状

这三种网络类型都使用了卫星信道作为反向信道，实际上，BSM网络体系结构也适用于不使用卫星信道作为返回信道的网络。

这三类BSM网络的主要差异有两点：①对于星状拓扑而言，用户终端与网关的数量是多对一的关系（每个用户终端只能和唯一的网关进行通信）；而对网状拓扑来说，则是多对多的关系，即一个终端可以与多个网关通信，以接入不同的网络和服务提供商。②前向和反向的无线空中接口通常是不同的，对于透明卫星来说，上行链路与下行链路通常采用不同的空中接口体制，例如，下行采用TDM广播方式，上行采用MF-TDMA方式；在再生式卫星系统中，上行链路与下行链路的空中接口体制一般是相同的。

（1）透明转发器星状组网方式

透明转发器星状组网方式（Transparent Satellite Star，TSS）模式。在该模式下，系统内通常包括一个主站（Hub）和若干用户终端（UT），所有业务都要流经主站，用户终端之间的通信需要通过主站中转，经过双跳完成。主站执行系统无线资源的分配、用户的管理与控制以及业务的路由与交换等任务，另外还提供与地面网络的互联互通，提供业务接入点。该模式的特点是采用了集中管理方式，主站相对比较复杂，采用大口径天线和大功率功放；而用户终端结构相对简单，天线口径和功放都较小，便于施工安装，对机房无特殊要求，网络可以容纳的终端数达上万个，扩容方便。该模式的缺点是存在单一故障点，对主站稳定性要求较高，一般情况下，主要部件都需要做1：1热备，信道部分做M：N热备，用户终端之间不能直接互通，需通过主站中转，时延较大。使用该模式的主流方案，一是基于欧洲ETSI的DVB-S2/DVB-RCS标准；二是基于美国TIA的IPoS标准。

（2）透明转发器网状组网方式

透明转发器网状组网方式（Transparent Satellite Mesh，TSM）模式。在该模式下，系统由一个主站和若干用户终端构成，主站负责全网同步、无线资源分配、帧计划下发，所有信令（主要是资源申请信令）都要流经主站，终端之间可以直接建立业务连接，目前该模式没有统一的工业标准。由于终端之间需要直接互通，所以功放体积、天线口径都比较大。该模式的缺点是网络能够容纳的终端数不多，适合包含几十个终端的网络。

（3）再生式转发器网状组网方式

再生式转发器网状组网方式（Regenerative Satellite Mesh，RSM）模式。这是一种新型的卫星组网方式，通过采用星上处理、星上交换和星上路由实现系统内终端的全网状通信，无线资源管理（RRM）也在星上完成。目前休斯公司的Spaceway-3及欧洲的Amerhis系统均采用此模式。欧洲电信标准化协会（ETSI）采纳了两个系统的空中接口设计方案，分别定义为RSM-A（Spaceway-3）和RSM-B（Amerhis）。

2.BSM 拓扑结构

网络拓扑是指中心站和卫星终端之间，以及卫星终端与卫星终端之间的链路（逻辑链路）部署情况。从网络拓扑结构的角度来说，BSM定义的三种网络类型使其支持网状或星状拓扑结构。在星状网系统中，用户终端之间无法互通，需通过中心站进行中转；在网状网系统中，用户终端之间通过卫星可以直接通信。这两种网络拓扑都可以提供双向通信服务。

除此之外，BSM网络还支持组播网和广播网，向用户提供单向通信服务。广播网的终端无须发射装置，安装简单，便于维护，是目前应用最广泛的系统。组播网在广播网的基础上增加了控制功能，使非授权用户即使在卫星覆盖区内也无法接收，最常见的方法是CA加密，还有一些在高层实施的方法，如通过IP组播协议等。星状网中的终端具有收发功能，为了尽可能地降低制造成本，终端采用小口径天线和较低功率的射频单元，通过天线口径较大、通信能力较强的中心站中转。网状网系统通过增强星上处理能力或终端处理能力，实现终端之间的直接互通。

（四）网络参考模型

在BSM网络参考模型中，定义了以下三个BSM要素：①BSM系统（BSMS）。它是指BSM网络加网管中心（NMC）、网控中心（NCC）以及为了向用户提供网络服务所需要的其他部分。在这里，NMC和NCC表示管理和控制功能上的划分，并不代表任何一种特定实现。②BSM网络。它是指BSM子网和BSM中心为向连接的网络提供接口所需要的互联和适配功能。BSM网络的边界是连接其他网络的物理接口。③BSM子网。包括与卫星无关的服务访问点（SI-SAP）以下的所有BSM网络单元。与卫星无关的服务访问点（SI-SAP）是卫星终端空中接口与卫星相关的低层和与卫星无关的高层之间的接口。

用户卫星终端提供卫星网和驻地网之间的互联能力；驻地网提供到达一个或多个端主机的连接，这可以通过直连或本地网（如LAN）来实现。

网关卫星终端提供卫星网络和外部网络之间的互联。外部网络提供到互联网或网络服务器的接入，或者到某些共享网络的接入。

上述模型描述了用户卫星终端和网关卫星终端之间在互联功能上的差异。某些情况下，同一个ST可以提供两种互联功能。同时，一个特定的ST所提供的功能也依赖于卫星体系结构和网络拓扑。

1. 参考模型

（1）接入网参考模型

BSM卫星接入网参考模型中的参考接口包括物理接口和逻辑接口。物理接口是指有线或无线设备之间的物理连接，通常是指在有线或无线媒介上的物理传输；逻辑接口是指在对等协议实体之间的逻辑关联，通常是指利用一个或多个逻辑信道（它们通过一个或多个物理信道进行数据传输）进行的端到端的协议信息交互。

参考模型中包括三个平面：U平面、C平面和M平面。其中，U平面是用户平面，具有分层结构，用于表示用户数据传输；C平面为各种业务提供控制功能，处理用于建立、维持和释放承载业务所必需的信令，同样具有分层结构；M平面为管理平面，主要提供两类功能，即层管理功能和网络管理功能。

（2）通用参考模型

上文描述了接入网络环境下的参考模型，它们也可以应用于不同的网络类型和其他BSM的网络环境中。

对不同的网络拓扑来说，U平面有两种参考模型。

对于星状拓扑结构而言，只有一种参考模型。BSM网络可以提供连接到网关卫星终端的外部网络和连接到用户卫星终端的驻地网络之间的接入链路。

对于网状拓扑结构，则可以采用几种类似的参考模型。BSM网络可以提供任意两个终端之间的接入链路，包括两个用户卫星终端之间、两个网关卫星终端之间或者用户卫星终端和网关卫星终端之间。

BSM接入网参考模型可应用于其他场景中，对于核心网和分发网环境，BSM网络两端的功能都是由网关卫星终端提供的，这是与接入网环境的区别。BSM网络可以在任意G接口对之间提供数据传输服务。

2.BSM 服务承载分层体系结构

BSM服务承载体系结构是基于3GPP QoS体系结构定义的一种分层结构。BSM服务承载是在SI-SAP接口由BSM子网提供的用户平面数据传输服务，包括保证U平面数据传输服务所需要的所有内容，也包括协商QoS和其他服务承载特性。然而，BSM服务承载不包括控制平面和管理平面服务，如控制信令和QoS管理功能。

在特定层的每一种承载服务都是独立的服务，它们使用低层提供的服务来实现。如BSM承载服务利用下面的本地承载服务，而本地承载服务又利用传输承载服务来实现。

BSM系统通常利用不同的本地承载服务和传输承载服务来提供一系列BSM承载服务。高层服务（IP层及以上层）建立于BSM承载服务之上，这些高层服务根据特定的服务需求（如服务质量和需要的拓扑结构）可以映射到不同的BSM承载服务。

二、卫星移动通信系统

（一）基本概念

所谓卫星移动通信系统是指提供卫星移动业务（MSS）的通信系统，其典型特征是将卫星作为中继站向用户提供移动业务。系统中的卫星可以是对地静止轨道（GEO）的卫星，也可以是非对地静止轨道（non-GEO）卫星，如中轨道（MEO）、低轨道（LEO）和高椭圆轨道（HEO）卫星等。因此，可以说卫星移动通信是传统的固定卫星通信与移动通信相结合的产物。从表现形式来看，它既是提供移动业务的卫星通信系统，也是采用卫星作为中继站的移动通信系统。

（二）卫星移动通信系统的网络结构及特点

卫星移动通信系统一般由空间段、地面段和用户段三部分组成。空间段可以是GEO卫星或非GEO（如LEO、MEO、HEO等）卫星；地面段一般包括卫星测控中心及相应的卫星测控网络、网络控制中心（NCC）及各类关口站等；用户段由各种用户终端组成，可以是手持机、便携机、机（船、车）载站等各种地面移动终端设备，也可以是各种固定站。

卫星测控中心及测控网络负责保持、监视和管理卫星的轨道位置、姿态，并控制卫星的星历表等；网络控制中心负责处理用户登记、身份确认、计费和其他网管功能；关口站负责呼叫处理、交换以及与地面通信网的接口等。地面通信网可以是公共交换电话网（PSTN）、公共地面移动网（PLMN）或其他各种专用网络，不同的地面通信网要求关口站具有不同的网关功能。

根据移动用户之间能否直接通过卫星进行通信，可以把卫星移动通信系统的网络结构分为星状、网状两大类。①星状结构。在此结构中移动用户之间不能直接进行通信，它们之间的通信必须经关口站中继，通过卫星两跳才能实现。大部分系统都采用这种结构，典型的系统有采用LEO卫星的Globalstar，采用MEO卫星的ICO和采用GEO卫星的Inmarsat系统。②网状结构。在此结构中移动用户之间可以直接进行通信。在网状结构中，根据系统是采用集中控制还是分布控制，可以把网络结构再细分为完全的网状结构、网状与星状相结合的网络结构。目前使用完全网状结构的卫星移动系统较少。

在星状卫星移动通信系统中，移动用户终端和关口站通过卫星转发器构成星状网，关口站是整个网络的中心交换节点。目前，大多数卫星移动通信系统都采用星状网络结构，主要原因是：①卫星移动通信系统中的大部分通信都是与地面通信网的用户进行的；②在采用非GSO卫星的系统中，经过卫星多跳后的传播时延仍能满足ITU-T对端到端通话时间（400ms）的要求；③卫星要尽量简单、可靠，主要的处理功能在地面完成，而且不采用星际链路；④在同样的卫星参数下，如果用户终端之间直接通过卫星进行通信势必会限制系统的通信容量。采用星状网络结构的优点是卫星可以简单一些，用户终端可以相对小一点；其缺点主要是在采用GSO卫星时，若移动用户之间需要通信，则端到端的传输时延太大，不能满足400ms的要求。

对于使用GEO卫星的以话音业务为主的卫星移动通信系统来说，通常希望系统内任意两个移动终端之间能够直接通话而不是经过关口站转发（双跳带来的响应时间超过1s，用户不易接受）。这一要求决定了这类卫星移动通信系统应该采用网状结构。采用网状结构的优点是传播时延较短。

与地面蜂窝移动通信网相比，卫星移动通信系统有以下特点：①通信的无层次性。地面蜂窝移动通信系统是分层次的或者说分为长途和本地（如本地网、长途网等），但在卫星移动通信系统内，移动用户之间的通信费用与距离基本无关，所有移动终端以相同身份连接到同一个网络上，通信是不分层次的。②单节点的交换网络。在地面蜂窝移动通信系统中，用户信息从一方到另一方一般要经历几个交换机，但在采用GEO卫星的卫星移动通信系统中，一般只有卫星一个中继节点或者由卫星和关口站共同组成一个中继节点。③信道传播时延大。地面信道的传播时延一般在1ms以下，而在采用GEO卫星的卫星移动通信系统中，信道的传播时延约为300ms，采用MEO卫星的卫星移动通信系统的信道单跳时延也在100ms左右。④在传统的地面蜂窝通信系统中，基础设施在地面，蜂窝小区是固定的，移动用户可在蜂窝小区内漫游，而采用非GEO卫星的卫星移动通信系统的基础设施在空中，蜂窝小区的位置随着地球的自转和卫星的运动而移动。与卫星移动速度相比，用户移动速度非常缓慢，在通信时间内用户位置可以看成是固定的，因此，采用非GEO卫星的卫星移动通信系统相当于一个倒置的蜂窝系统，但其小区的覆盖范围远大于地面蜂窝系统。

（三）卫星移动通信系统的组网形式

卫星移动通信系统在网络组成上包括业务子网和控制子网两部分，业务子网负责业务的传输和交换，控制子网负责对业务子网的管理和控制。控制子网一般是采用分层结构的星状网，整个系统通常由网络控制中心集中控制，网络控制中心通过关口站对分布于各地的移动终端进行管理。业务子网的组网方式通常视业务的要求和采用的卫星而定。

根据通信对象的不同，可以把各种可能的通信方式分为三大类，各类通信方式的信号流向如下。

1. 网内移动站之间以星状结构实现的通信

信号流向：移动站→卫星（GEO或非GEO）→关口站→卫星（GEO或非

GEO）→移动站，中间可能经过多个关口站中继。

2. 网内移动站之间以网状结构实现的通信

信号流向：移动站→卫星（GEO或非GEO）→移动站，中间可能经过多颗卫星中继。

3. 网内移动站与地面网（PSTN、PLMN、ISDN 或 PSDN 等）用户之间的通信

信号流向：移动站→卫星（GEO或非GEO）→关口站→地面网交换节点→地面网用户。

卫星移动通信系统的一般工作过程：移动站开机后首先进行注册申请；注册成功后，如果用户有通信要求，则通过内向控制信道向网络控制中心发送呼叫申请信息；如果呼叫被接受，系统将通过外向命令信道向移动站分配资源（以及卫星和关口站标识码、上下行点波束号等）；收到分配命令后用户即可通信。由于用户和卫星都可能是移动的，通信过程中还需要进行呼叫切换；通信结束后，移动站释放信道，系统回收资源并进行计费。

第五章　计算机网络与通信技术

第一节　计算机网络的作用与分类

一、计算机网络的作用

计算机网络的主要功能是实现资源共享，它具有以下六个方面的作用。

（一）数据通信

数据通信是在计算机与计算机之间传送各种信息，包括文字信件、新闻消息、咨询信息、图片资料等，这是计算机网络最基本的功能。利用这一功能，可以将分散在各个地区的单位或部门用计算机网络联系起来，进行统一调配、控制和管理。

（二）资源共享

资源共享是计算机网络最重要的功能。“资源”指的是网络中所有的软件、硬件和数据资料。“共享”指的是网络中的用户都能够部分或全部地使用这些资源。例如，某些地区或部门的数据库（如飞机票、饭店客房等）可供全网使用，某些部门设计的软件可供需要的地方有偿或无偿调用。

（三）远程传输

计算机与计算机之间能快速地相互传送信息，这是计算机网络的最基本功能。在一个覆盖范围较大的网络中，即使是相隔很远的计算机用户也可以通过计算机网络互相交换信息。这种通信手段不仅是对电话、信件和传真等现有通信方式的补充，而且具有很高的实用价值。一个典型的例子是通过网络可以把信息发送给世界范围内的任何一个用户，而所需费用却比电话和信件少得多。

（四）集中管理

计算机网络提供的资源共享功能，使得在一台或多台服务器上管理其他计算机中的资源成为可能。这一功能在某些部门显得尤为重要。例如，银行系统通过计算机网络，可以将分布于各地的计算机中的财务信息传到服务器来实现集中管理。事实上，银行系统之所以能够实现“通存通兑”，就是因为采用了网络技术。

（五）实现分布式处理

网络技术的发展，使得分布式处理成为可能。对于大型的课题，可以分解为若干个子问题或子任务，分散到网络的各个计算机中进行处理。这种分布处理能力对于一些重大课题的研究和开发具有重要的意义。

（六）负载平衡

负载平衡是指工作被均匀地分配给网络中的各台计算机。当某台计算机负担过重或该计算机正在处理某项工作时，网络可将新任务转交给空闲的计算机来完成，这种处理方式能均衡各计算机的负载，提高信息处理的实时性。

二、计算机网络的分类

（一）按网络覆盖的地理范围划分

根据覆盖的范围，网络可以分为广域网、局域网和城域网等。

1. 广域网

广域网（WAN）也称远程网，可以覆盖整个城市、国家，甚至整个世界，具有规模大、传输延迟大的特征。在我国，广域网通常使用的传输装置和媒体由电信部门提供，但随着多家经营的政策落实，除电信网外，还有广电网、铁通网等为用户提供远程通信服务。

广域网的主要特点：①广域网覆盖的地域范围从几十到几千平方千米不等；②广域网的通信子网主要使用分组交换技术，它的通信子网可以利用公用分组交换网、卫星通信网和无线分组交换网；③广域网需要适应大容量与突发性通信、综合业务服务、开放的设备接口与规范化的协议以及完善的通信服务与网络管理的要求。

2. 局域网

局域网（LAN）也称局部区域网，其覆盖范围常在几平方千米以内，限于单位内部或建筑物内，常由一个单位投资组建，具有规模小、专用、传输延迟小的特征。目前，我国绝大多数企业都建立了自己的局域网。局域网只有与局域网或者广域网互联，进一步扩大应用范围，才能更好地发挥其共享资源的作用。

局域网的主要特点：①局域网覆盖有限的地理范围，一般属于一个单位；②提供高速率（10～100Mb/s）的数据传输；③决定局域网特性的主要技术要素为网络拓扑、传输介质与介质访问控制方法。

3. 城域网

城域网（MAN）也称市域网，覆盖范围一般是一个城市，它介于局域网和广域网之间。城域网使用了广域网技术进行组网。

城域网的主要特点：①城域网是介于广域网与局域网之间的一种高速网络；②城域网设计的目标是满足几十平方千米区域内的大量企业的多个局域网互联的需求；③实现大量用户之间的数据、语音、图形与视频等多种信息的传输功能；④早期的城域网主要产品是FDDI。

随着网络技术的发展、新型的网络设备和传输媒体的广泛应用，距离的概念逐渐淡化，局域网以及局域网互联之间的区别也逐渐模糊。同时，越来越多的企业和部门开始利用局域网以及局域网互联技术组建自己的专用网络，这种网络覆盖整个企业和部门，范围可大可小。

（二）按传输介质划分

传输介质是指数据传输系统中发送装置和接收装置之间的物理媒体，按其物理形态可以划分为有线和无线两大类。

1. 有线网络

采用有线介质连接的网络被称为有线网，常用的有线传输介质有双绞线、同轴电缆和光导纤维。

双绞线是由两根带绝缘层的金属线互相缠绕而成的，这样的一对线作为一条通信线路，由四对双绞线构成双绞线电缆。双绞线点到点的通信距离一般不能超过100m。目前，计算机网络上使用的双绞线按其传输速率分为三类线、五类线、六类线、七类线，传输速率为10～600Mb/s，双绞线电缆的连接器一般为RJ-45。

同轴电缆由内、外两个导体组成，内导体可以由单股或多股线组成，外导体一般由金属编织网组成。内、外导体之间有绝缘材料，其阻抗为50Ω。同轴电缆分为粗缆和细缆，粗缆用DB-15连接器，细缆用BNC和T连接器。

光导纤维由两层折射率不同的材料组成，内层是具有高折射率的玻璃单根纤维体，外层包一层折射率较低的材料。光缆的传输形式分为单模传输和多模传输，单模传输性能优于多模传输，单模光缆传送距离为几十千米，多模光缆为几千米。光缆的传输速率可达到每秒几百兆位。光缆用ST或SC连接器。光缆的优点是不会受到电磁的干扰，传输的距离也比电缆远，传输速率高。光缆的安装和维护比较困难，需要专用的设备。

2. 无线网络

采用无线介质连接的网络被称为无线网。无线网主要采用3种技术：微波通信、红外线通信和激光通信，其中微波通信用途最广。目前的卫星网就是一种特殊形式的微波通信，它利用地球同步卫星作为中继站来转发微波信号。一颗同步卫星可以覆盖地球1/3以上表面，3颗同步卫星就可以覆盖地球上全部通信区域。

（三）按拓扑结构划分

网络中的计算机等设备要实现互联，就需要以一定的结构方式进行连接，这种连接方式就叫作“拓扑结构”。目前，常见的网络拓扑结构主要有四大类：星型结构、环型结构、总线型结构及星型和总线型结合的混合型结构。

1. 星型结构

星型拓扑结构由中央节点和通过点到点链路连接到中央节点的各节点组成。这种结构是目前在局域网中应用最为普遍的一种，在企业网络中几乎都是采用这一方式。星型网络几乎是以太网（Ethernet）网络专用，它是因网络中的各工作站节点设备通过一个网络集中设备（如集线器或者交换机）连接在一起，各节点呈星状分布而得名的。

在星型拓扑结构中，中央节点为集线器，其他外围节点为服务器或工作站，通信介质为双绞线或光纤。所有节点往外传输都必须经过中央节点来处理，因此，网络对中央节点的要求比较高。

星型拓扑结构信息传输的过程：某一工作站有信息发送时，将向中央节点申请，中央节点响应该工作站，并为该工作站与目的工作站或服务器建立会话。此时，就可进行无延时的会话了。

星型结构网络的基本特点：①比较容易实现。它采用的传输介质一般都是通用的双绞线，这种传输介质相对来说比较便宜。这种拓扑结构主要应用于IEEE802.2、IEEE802.3标准的以太局域网中。②节点扩展、移动方便。节点扩展时只需要从集线器或交换机等集中设备中拉一条线即可，而要移动一个节点只需要把相应节点设备移到新节点即可，不需要像环型网络那样“牵其一而动全局”。③维护起来很方便。一个节点出现故障不会影响其他节点的连接，可任意拆走故障节点。④采用广播信息传送方式。任何一个节点发送的信息，整个网络中的节点都可以收到，这在信息保密方面存在一定的隐患，但在局域网中使用影响不大。⑤网络传输数据快。这一点从目前最新的100Mb/s～10Gb/s以太网接入速度可以看出。

2. 环型结构

环型拓扑结构是一个像环一样的闭合链路，所有的通信共享一条物理通道，即连接网络中所有节点的点到点链路。这种结构的网络形式主要应用于令牌网中，在这种网络结构中，各设备是直接通过电缆来串接的，最后形成一个闭环，整个网络发送的信息就是在这个环中传递，人们通常把这类网络称为“令牌环网”。

实际上在大多数情况下，这种拓扑结构的网络不会把所有计算机连接成物理上的环形。一般情况下，环的两端是通过一个阻抗匹配器来实现封闭的，因为在实际组网过程中受地理位置的限制，不一定真的对环的两端进行物理连接。

环型结构网络的基本特点：①这种网络结构一般仅适用于IEEE802.5的令牌网，在这种网络中，“令牌”在环型连接中依次传递，所用的传输介质一般是同轴电缆。②这种网络的实现非常简单，投资最小。组成这个网络的除了各工作站就是传输介质——同轴电缆以及一些连接器材，没有价格昂贵的节点集中设备，如集线器和交换机。但也正因为这样，这种网络所能实现的功能最为简单，仅能当作一般的文件服务模式。③传输速度较快。在令牌网中允许有16Mb/s的传输速度，它比普通的10Mb/s以太网要快许多。当然，随着以太网的广泛应用和以太网技术的发展，以太网的速度也得到了极大提高，目前普遍都能提供100Mb/s的网速，远比16Mb/s要高。④维护困难。从其网络结构可以看到，整个网络中各节点间是直接串联的。一方面，任何一个节点出了故障都会造成整个网络的中断、瘫痪，维护起来非常不便；另一方面，因为同轴电缆采用的是插针式的接触方式，所以非常容易出现接触不良、网络中断等故障，而且排查起来非常困难。⑤扩展性能差。环型的结构决定了它的扩展性能远不如星型的结构，如果要新添加或移动节点，就必须中断整个网络。

3. 总线型结构

总线型拓扑结构采用单根数据传输线作为通信介质，所有的站点都通过相应的硬件接口直接连接到通信介质上。总线型网络结构中的节点为计算机服务器或工作站，通信介质为同轴电缆。

因为所有的节点共享一条公用的传输链路，所以一次只能由一个设备传输，这样就需要某种形式的访问控制策略来决定哪一个节点可以发送。一般情况下，总线型网络采用载波监听多路访问/冲突检测（CSMA/CD）控制策略。

总线型网络信息传输的过程：发送时，发送节点对报文进行分组，然后一次一个地址依次发送这些分组，有时要与其他工作站传来的分组交替地在通信介质上传输。当分组经过各节点时，目标节点将识别分组的地址，然后将属于自己的分组内容复制下来。

总线型结构在局域网中得到了广泛的应用，这种拓扑结构的网络有以下特点：①组网费用低。这样的结构根本不需要另外的互联设备，它直接通过一条总线进行连接，所以组网费用较低。②这种网络中的各个节点是共用总线带宽的，所以传输速度会随着接入网络用户数的增多而出现下降。③这种拓扑结构的网络用户扩展较灵活。需要扩展用户时只需要添加一个接线器即可，但所能连接的用户数量有限。④维护起来较容易。单个节点失效不影响整个网络的正常通信。但是如果总线一断，整个网络或者相应主干网段就断了。⑤这种网络拓扑结构的最大缺点是一次仅能由一个端用户发送数据，而其他端用户必须等待，直到获得发送权为止。

4. 混合型拓扑结构

混合型网络拓扑结构是由前面所讲的星型结构和总线型结构结合在一起的网络结构，这样的拓扑结构更能满足较大网络的拓展，解决星型网络在传输距离上的局限，同时又解决了总线型网络在连接用户数量上的限制。这种网络拓扑结构兼顾了星型网络与总线型网络的优点，并在缺点方面得到了一定的弥补。

混合型网络拓扑结构主要用于较大型的局域网中。如果一个公司有几栋在地理位置上分布较远的建筑物（当然是同一小区中），单纯用星型网络来组建整个公司的局域网，就会受到星型网络传输介质双绞线的单段传输距离（100m）的限制而很难成功；单纯采用总线型结构来布线，则很难承受公司的计算机网络规模的需求。结合这两种拓扑结构，在同一栋楼层采用双绞线的星型结构，而不同楼层采用同轴电缆的总线型结构，在楼与楼之间也采用总线型结构。传输介质视楼与楼之间的距离而定，如果距离较近（500m以内）可以采用粗同轴电缆，在180m之内可以采用细同轴电缆，但是如果超过500m则只能采用光缆或者粗缆加中继器了。这种就是常见的综合布线方式。

混合型拓扑结构网络的基本特点：①应用广泛。这主要是因为这种拓扑结构解决了星型和总线型拓扑结构的不足，满足了较大范围组网的实际需求。②扩展灵活。这主要是继承了星型拓扑结构的优点。由于其仍采用广播式的消息传送方式，在总线长度和节点数量上会受到限制，不过在局域网中不存在太大的问题。③速度较快。因为其骨干网采用高速的同轴电缆或光缆，所以整个网络在传输速度上不会受太多的限制。④较难维护。这主要受到总线型网络拓扑结构的制约，如果总线断，整个网络就会瘫痪；如果是分支网段出现故障，则不影响整个网络的正常运行。⑤这种拓扑结构的网络数据传输速率会随着用户的增多而下降。

第二节　网络体系结构与网络协议

一、分层结构

（一）分层结构的含义

学校是我们生活和学习的场所，每一所学校都有其培养任务，为了完成一个总体的任务，我们常常会把学校分为学院、系、教研室等多级结构，而且常常以基层、中层和高层进行划分。由不同的层完成不同的功能，各层之间协调完成总体的功能，这就是一个分层的结构。

分层结构就是把一个复杂的功能体分解为若干层功能子体，而每一层功能子体完成功能体的部分功能，所有的功能子体协调完成功能体的全部功能。

不管实际的问题分成多少层，首先要对每一层进行定义，包括下一层为本层提供的服务、本层为上一层提供的服务以及本层需要完成的功能等。通常上一层完成的功能和下一层完成的功能之间是有差别的，本层完成的功能就是用来补充这一差别的。

定义了每一层之后，还要为两个相邻层之间定义一个接口，对这个接口的定义要符合两方面的要求。一是上一层通过接口发出服务请求，下一层通过接口提供服务响应，这个同我们现实生活中很像，在实际工作中通常是上级对下级下达指示，而下一级为上一级汇报所做的工作。二是只要相邻两层之间的接口不变，其他层的功能变化对这一层完成的功能没有任何影响。

一个复杂的系统通过分层实现，需要遵循以下三个原则：①每一层的功能要清晰定义并相对独立，相邻层之间的功能划分清晰，通过接口进行交互。②功能层越多，功能层实现就越简单，但网络运行效率会越低；若功能层太少，则每一层功能层实现就有难度。因此，在划分功能层的过程中必须综合考虑实现难度与运行效率。③具体的系统应用，不仅在垂直方向上采用分层结构，还存在水平方向两端功能相同的层之间的协议。

（二）分层的优点

在具体的系统中采用分层结构，主要有以下三个方面的优点。

各层之间可相互独立，每一层的实现技术对其他层是透明的。高层并不需要知道低层采用何种技术实现功能，只需要知道接口能提供哪些服务。每一层都有一个清晰、明确的任务，实现相对独立的功能，因而可以将复杂的系统问题分解为一层一层的小问题。当属于每一层的小问题都解决了，整个系统的问题几乎就解决了。

分层可以简化复杂系统的实现过程，屏蔽底层差异，灵活性好，易于实现和维护。如果把一个系统当作一个整体来处理，那么任何方面有改进时都必须对整体进行修改，这与该系统的未来发展是极不协调的。若采用分层结构，由于整个系统已被分解为若干个易于处理的部分，那么实现与维护这样一个庞大而又复杂的系统也就变得容易了。当任何一层发生变化时，只要层间接口保持不变，其他各层就不会受到影响。另外，当某层提供的服务不再被其他层需要时，可以将该层直接取消。例如，分层结构使得Windows操作系统适用于不同主板的计算机，同时实现了标准化。

分层容易使每一层功能实现过程专业化，有利于促进标准化，并方便借用已有的公共服务。这主要是因为每一层的协议已经对该层的功能与所提供的服务作了明确的说明。在专业化方面，如主板可以发展主板功能；在标准化方面，如基本输入输出系统（Basic Input Output System，BIOS）对操作系统接口的标准化，使得不同厂家生产的操作系统可以在同一台计算机中运行；在公共服务借用方面，如邮政系统为了寄信，不会专门建立一个运输系统，而是借用已有的公共传输系统。

二、网络体系结构与协议

网络是一个非常复杂的系统，它涉及计算机技术和通信技术以及其他领域的相关知识和技术。如何高效、可靠地进行信息共享是计算机网络面临的一个重大难题，而对网络进行分层就可以解决这个问题。网络有其自身的特点，针对计算机网络的分层就构成了网络体系结构和协议的内容。

（一）邮政系统的启示

邮政系统中信件投递过程如图5-1所示。

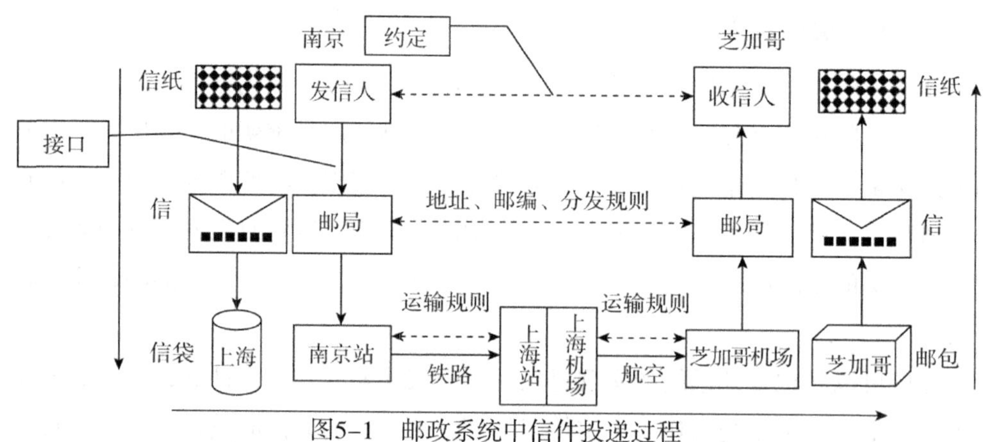

图5-1 邮政系统中信件投递过程

通过邮政系统中信件投递的过程，我们可以得到以下四点启示：①邮政系统投递信件的过程存在发信和收信两端；②发信一端逐层封装，收信一端逐层剥离封装；③两端相同层之间都有相应的一些协议；④在运输过程中，由于存在运输工具不直达的情况，信件在中途可能重新封装。

类比邮政系统，网络也可以按照这样的思路进行设计。计算机网络里面也存在这样两端，一个是发送端，一个是接收端。例如，发送端要通过浏览器访问Web服务器的内容，发送端可能连接在一个以太网上，而接收端可能连接在PSTN网上。它们之间不能直接进行通信，需要有中间的互联设备把它们相互连接。无论是发送端，还是接收端和互联设备，要完成这一通信过程是很复杂的。发送端可以分为若干层，接收端同样分为这样的若干层，然后将互联设备也分为若干层，通过不同层的相互协调来完成通信，如图5-2所示。

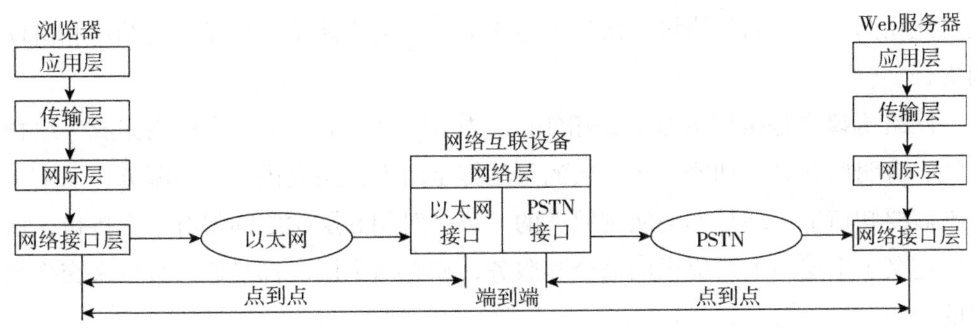

图5-2　发送端、互联设备和接收端的分层

发送端根据用户的需求将产生的数据逐层进行分装，沿着不同的传输网络进行传输。在传输过程中，涉及不同传输类型的网络，需要通过中间的互联设备进行互相连接。当数据发送到接收端以后，接收端把数据逐层剥离封装，将数据传输到最高层。

按照这样的思路，网络可以进行如下分层设计：在两端相同功能层之间，设计相应的一些协议，如图5-3所示。

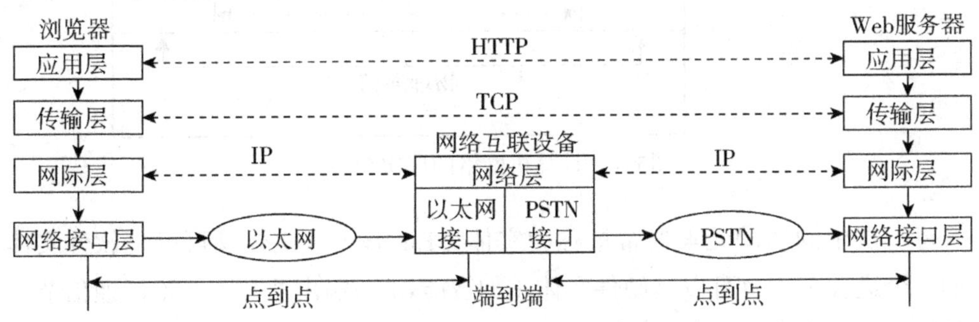

图5-3　发送端、互联设备和接收端层次细分

（二）网络体系结构

体系结构用来研究系统各部分组成及相互关系，而计算机网络体系结构是指整个网络系统的逻辑组成和功能分配，定义和描述了一组用于计算机及其通信设施之间相互连接的标准和规范的集合。研究计算机网络体系结构就是要定义计算机网络各个组成部分的功能，以便在统一原则的指导下设计、建造、使用和发展计算机网络。

网络的分层结构包括两个方面：一是垂直方向的分层结构；二是水平方向两端功能相同的层之间的协议。从这个意义上说，网络体系结构是分层结构和协议的集合。

网络协议都是按层的方式来组织的，如图5-4所示，每一层都能完成一组特定的、有明确含义的功能，每一层的目的都是向上一层提供一定的服务，而上一层不需要知道下一层是如何实现服务的。每一对相邻层次之间都有一个接口，该接口定义了下层向上层提供的命令和服务，相邻两个层次都是通过接口来交换数据的。

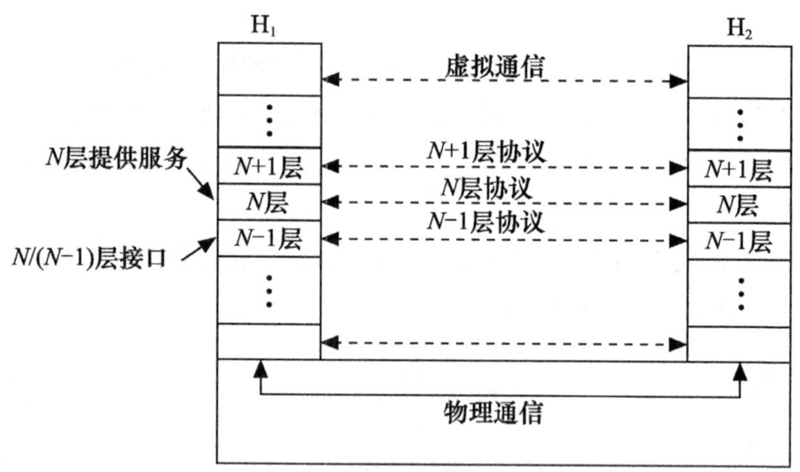

图5-4　计算机网络的层次模型

每一层中的活动元素通常被称为实体（Entity）。实体既可以是软件实体（如一个进程），也可以是硬件实体（如智能输入/输出芯片）。不同通信节点上的同一层实体被称为对等实体（Peer Entity），不同网络中的对等实体之间不能直接进行通信，其通信过程如图5-5所示。

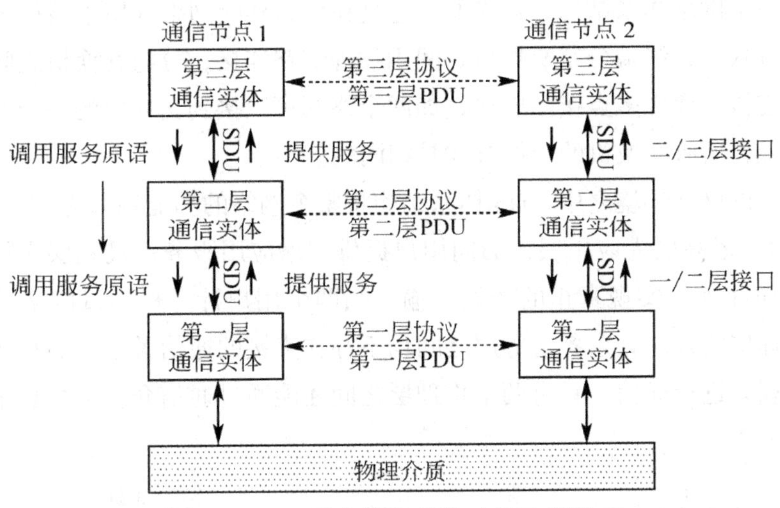

图5-5　对等实体间通信过程示意图

（三）对等层和协议

在两端分层结构中处于同一地位，起相同作用的功能层被称为对等层。而每一层真正完成所处层功能的硬件和软件集合被称为实体。对等层之间的约定和规范则被称为协议，协议是网络里很重要的一个概念，它包含三个要素，分别是语法、语义和时序。

语法规定了通信双方“如何讲”，即确定相互交换信息的结构与格式。

语义规定了通信的双方准备“讲什么”，即相互交换信息的种类及接收方应该作出的反应。

时序又被称为“同步”，规定了双方“何时进行通信”，即各个事件的发生顺序。

三、OSI体系结构

凡是涉及网络体系结构，都会提及OSI。OSI体系结构是最早被定义的网络体系结构。

（一）网络环境

OSI是国际标准化组织（ISO）最早定义的网络体系结构。网络的最终目的是实现两个终端之间的数据通信。由于两个终端所处的网络环境不同，它的通信目的的实现难度和过程也不一样。

研究一个网络体系结构，首先要看它是在什么样的网络环境中被提出来的。

连接方式上，终端分组交换机之间用物理链路连接，分组交换机之间直接用物理链路连接。允许多点接入网络，如两个终端可以接到交换机的一个端口上。交换方式上，所有交换机的交换方式是相同的。

在这样的网络环境之中，OSI体系结构将整个网络的功能划分为7个层次，如图5-6所示。最高层为应用层，面向用户提供网络应用服务；最底层为物理层，与通信介质相连，实现真正的数据传输。当两个用户计算机通过网络进行通信时，除物理层之外，其余各对等层之间均不存在直接的通信关系，而是通过各对等层的协议来进行通信。只有两个物理层之间才能通过通信介质进行真正的数据传输。

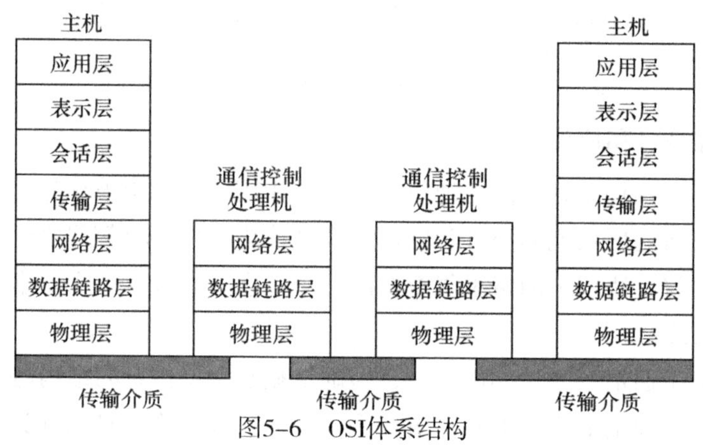

图5-6　OSI体系结构

（二）各层功能

OSI体系结构运用分层结构，将整个网络的功能划分成七层。下面以从底层到高层的顺序依次进行介绍。

1. 物理层

物理层（Physical Layer）是OSI的最低层。物理层的主要任务是实现二进制位流的传输过程：一是建立用于传播信号的信道；二是完成二进制位流与信号之间的转换过程；三是实现信号的传输过程。物理层实现的是透明地传输二进制比特流，即经过实际电路传输后的比特流没有发生变化。它并不关心比特流的实际意义和结构，只是负责接收和传输比特流。作为发送端，物理层通过传输介质发送数据；作为接收端，物理层通过传输介质接收数据。物理层的另一个任务就是定义网络硬件的特性，包括使用什么样的传输介质以及与传输介质连接的接头等物理特性。

物理层定义的典型规范：EIA/TIA RS-232、EIA/TIA RS-449、V.35、RJ-45等。

注意：物理层的实体包括电脑的网卡和调制解调器等，传输信息所利用的物理传输介质，如双绞线、同轴电缆、光纤等，并不在物理层之内而是在物理层之下。

2. 数据链路层

数据链路层（Data Link Layer）是OSI的第二层，其主要任务是差错控制和将需要传输的数据封装成帧，从而在两个相邻节点间的线路上无差错地传输以帧（Frame）为单位的数据，使数据链路层对网络层显现为一条无差错线路。由于物理层仅仅接收和传输比特流，并不关心比特流的意义和结构，所以数据链路层要产生和识别帧边界。数据链路层还提供了差错控制与流量控制，保证在物理链路上传输的数据无差错。另外，广播式网络在数据链路层还要控制各个节点对共享信道的访问。

数据链路层协议的代表：SDLC、HDLC、PPP、STP、帧中继等。

3. 网络层

网络层（Network Layer）是OSI的第三层。在这一层，数据的单位为数据分组（Packet）。网络层的主要任务是进行路由选择，以确保数据分组从发送端到达接收端。如果在子网中同时出现的数据分组太多，就会发生阻塞，影响数据的正常传输。因此，阻塞控制也是网络层的功能之一。另外，网络层还要解决异构网络的互联问题，以实现数据分组在不同类型的网络中的传输。网络层的功能主要通过交换机来实现。

网络层协议的代表：IP、IPX、RIP、OSPF等。

4. 传输层

传输层（Transport Layer）是OSI的第四层。传输层从会话层接收数据，形成报文（Message），并且在必要时将其分成若干个分组，然后交给网络层进行传输。

传输层的主要功能是为上一层进行通信的两个进程之间提供一个可靠的端到端服务，使传输层以上的各层看不到传输层以下的数据通信细节，可以不用关心信息传输的问题。端到端是指进行相互通信的两个节点不是直接通过传输介质连接起来的，相互之间有很多交换设备（如路由器）。

传输层协议的代表：TCP、UDP、SPX等。

5. 会话层

会话层（Session Layer）是OSI的第五层。会话层允许不同终端上的用户建立会话关系，主要是针对远程访问（比如断点续传）。其主要任务包括会话管理、传输同步以及数据交换管理等。会话一般都是面向连接的，如当文件传输到中途，建立的连接突然断掉时，是从文件的开始重传还是断电续传，这个任务由会话层来完成。

会话层协议的代表：Net BIOS、ZIP（Apple Talk区域信息协议）等。

6. 表示层

表示层（Presentation Layer）是OSI的第六层。表示层关心的是所传输的信息的语法和语义。表示层的主要功能：处理在多个通信系统之间交换信息的表示方式，包括数据格式的转换、数据加密与解密、数据压缩与恢复等。

表示层协议的代表：ASCII、ASN.1、JPEG、MPEG等。

7. 应用层

应用层（Application Layer）是OSI的最高层。应用层为网络用户或应用程序提供各种服务，如文件传输、电子邮件、网络管理和远程登录等。

应用层协议的代表：WWW、Telnet、FTP、HTTP、SNMP等。

（三）数据传输过程

图5-7所示为数据在OSI体系结构中的逐层传输过程。

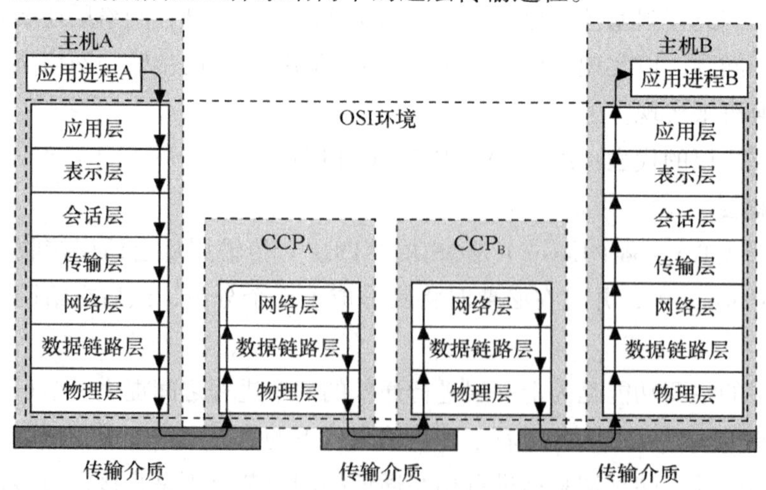

图5-7 数据在OSI中的逐层传输过程

OSI体系结构中的数据传输过程包括以下五个步骤。

第一，应用进程A将要发送的数据传输到应用层、表示层直至物理层。

第二，物理层通过连接该主机系统与通信控制处理机CCP_A的传输介质，将数据传输到通信控制处理机CCP_A。

第三，通信控制处理机CCP_A的物理层接收到主机A传输的数据后，通过数据链路层检查是否存在传输错误，然后通过网络层的路由选择，确定下一个节点是通信控制处理机CCP_B。

第四，通信控制处理机CCP_A将数据传输到通信控制处理机CCP_B，CCP_B采用相同的方法将数据传输到主机B。

第五，主机B将接收到的数据从物理层向高层传输，直至应用层，最后将数据传输给主机B的应用进程B。

在整个通信过程中，需要注意的是，虽然数据的实际传输方向是垂直的，但从用户的角度来看数据一直是水平传输的。例如，当发送方主机的传输层从会话层得到数据后，形成报文，并把报文发送给接收方主机的传输层。从发送方主机传输层的角度看，实际上必须先把报文传给本机的网络层，但这只是一个技术细节问题。

第三节 计算机网络数据通信基础

一、数据通信中的基本概念

（一）数据

数据（Data）是对所描述对象的符号化记录，一般可理解为“信息的数字化形式”或“数字化的信息形式”。在计算机网络系统中，数据通常被广义地理解为在网络中存储、处理和传输的二进制数字编码。

（二）信息

信息（Information）是“消除不确定因素的消息”，是对特定事物的描述、解释、说明，是数据的内涵，是客观事物属性和相互联系特性的表征，反映客观事物的存在形式和运动状态。

（三）信号

信号（Signal）是对特定信息的物理表述，在数据通信中就是携带信息的传输介质。在通信系统中常使用的电信号、电磁信号、光信号、载波信号、脉冲信号等术语，就是指携带某种信息的具有不同形式或特性的传输介质。它又分为模拟信号和数字信号两种。

1. 模拟信号

模拟信号指随时间连续变化的电磁波。采用模拟信号传输数据时，往往只占据有限的频谱，对应数字的基带传输被称为频带传输。

2. 数字信号

数字信号指用离散状态（所谓的“二进制信号”）表示的信号。时间上不连续的离散量就是电压（电平）的脉冲序列，终端设备把数字信号转换成脉冲电信号时，这个原始的电信号所固有的频带被称为基本频带，简称基带。它通过中继方式将0、1进行整形和放大而不涉及噪声，且便于集成化。

（四）带宽

带宽（Bandwidth）是指每秒发送的比特数，是在一定时间内能够通过一定空间的最大比特数。无论采用什么方式发送报文，无论采用什么样的物理介质，带宽都是有限的，这是由传输介质的物理性质决定的。

（五）吞吐量

吞吐量（Throughout）是指在特定时段内使用某路由传输一个文件时所获得的实际带宽。由于诸多原因，吞吐量往往小于传输使用介质所能达到的最大带宽。

（六）误码率

误码率是指二进制码元在数据传输过程中被传错的概率。

（七）基带传输

基带（Baseband）传输是指信号以其固有的基本形态进行传输，一般是采用数字信道所特有矩形电脉冲或光波的亮与不亮等信号形态对应二进制代码的0和1直接进行传输，该信号按照信道的既定频率，独占整个频带的带宽，不能复用，因此也被称为窄带传输。

（八）宽带传输

宽带（Broadband）传输是指在一条传输介质上通过多路复用技术实现多路独立信号的传输。其原意是指高于3400Hz电话频率的信号。宽带传输要求信道的可利用带宽要远远高于其子信道的带宽，因此常以同轴电缆作为传输介质。

同轴电缆传输模拟信号时，其频率可达500MHz，传输距离能够达到100km。通常再将其划分成若干独立信道，如CATV（CableTelevision）就是采用6MHz传输一路模拟电视信号的频道方式，使一条电缆能同时传输上百个频道的电视节目。

（九）频带传输

频带传输是把数字信号调制成能在公共电话线上传输的音频模拟信号后进行发送和传输，到达接收端后，再把音频信号解调成原来的数字信号，计算机的远程通信常采用频带传输。

二、模拟数据与数字数据的传输形式

信道是传输特定信号的通路，是通信媒介，由传输介质及相应的中间通信设备组成，信道可以是有线的，也可以是无线的。传输信号可以是电信号，也可以是光信号等。模拟信道是指传输模拟信号的信道，数字信道是指传输数字信号的信道。

通信是参与者按照预先的某种约定进行互通消息的过程，如语言交流、文字信函、网络传输等都是通信。模拟通信是指用模拟信号传输数据的通信，数字通信是指用数字信号传输数据的通信。

由于数据信号分为模拟信号和数字信号，信道又分为模拟信道和数字信道，这样就构成了四种数据的传输形式。

（一）模拟数据的模拟通信

模拟数据的模拟通信如图5-8所示。

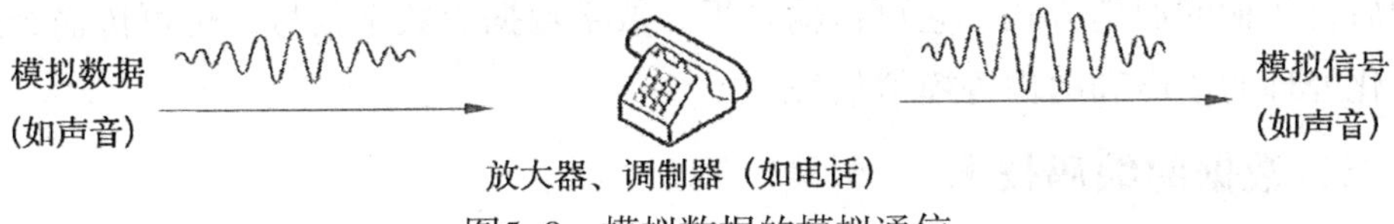

图5-8 模拟数据的模拟通信

模拟数据进行模拟通信的典型的应用实例就是语音信号在普通的电话系统中的传输。

（二）模拟数据的数字通信

模拟数据的数字通信如图5-9所示。

图5-9　模拟数据的数字通信

模拟数据进行数字通信的典型的应用实例就是IP电话。

（三）数字数据的模拟通信

数字数据的模拟通信如图5-10所示。

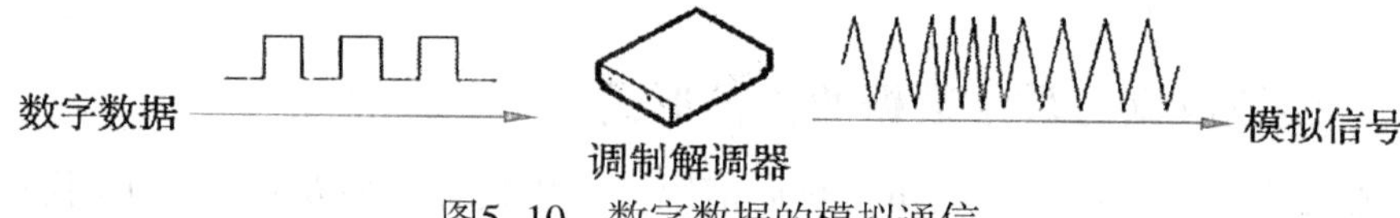

图5-10　数字数据的模拟通信

数字数据进行模拟通信的典型例子是用调制解调器上网。事实上，整个上网过程分为两个信号转换过程，分别由调制解调器中的调制器和解调器完成。

（四）数字数据的数字通信

数字数据的数字通信如图5-11所示。

图5-11　数字数据的数字通信

数字通信是用数字信号作为载体来传输消息，或用数字信号对载波进行数字调制后再传输的通信方式。它可传输电报、数字数据等数字信号，也可传输经过数字化处理的语声和图像等模拟信号。

三、数据的编码技术

编码是将数据表示成适当的信号形式，以便数据的传输和处理。数据编码是指二进制数字信息在传输过程中所采用的编码方式，即如何表示0、如何表示1。也就是将计算机的0和1转换为某种实际物理的信号表现形式，如电脉冲、光脉冲或电磁脉冲等。每个脉冲代表一个离散的信号单元，也称码元。表示二进制数字的码元的形式不同，便产生出不同的编码方案，如图5-12所示的数据编码示意图。

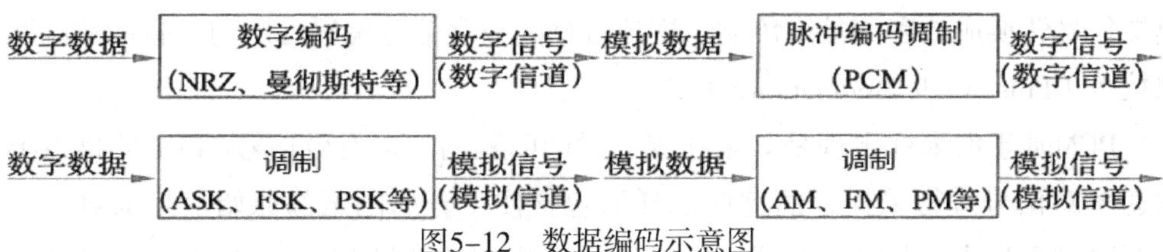

图5-12　数据编码示意图

（一）数字数据的数字信号编码

数字数据转换成数字信号，最简单的方法就是用两种不同的电平脉冲序列来表示，如高电平为1，低电平为0。有时为了使信号具有一些有用的特点，如消除直流分量、便于提取时钟等，需要使用一些特殊的码型。常用的数字数据编码有三种：不归零码、曼彻斯特编码和差分曼彻斯特编码。

1. 不归零码

在不归零码（NonReturntoZero，NRZ）中，高电平表示1，低电平表示0。该编码方式的特点是无法判断一位的开始与结束，数据的收发双方不易保持同步；如果信号中1与0的个数不相等，就会产生直流分量，不利于数据的传输。

2. 曼彻斯特编码

曼彻斯特（Manchester）编码是目前应用得最广泛的编码方法之一。其特点是每一位二进制信号的中间都有跳变：从高电平跳变到低电平为1，从低电平跳变到高电平为0。

曼彻斯特编码的优点是能实现信息的自同步，它既包括数据信息，又具有时钟信息。其缺点是系统开销将会加倍。

3. 差分曼彻斯特编码

差分曼彻斯特（DifferenceManchester）编码是对曼彻斯特编码的改进。其特点是每一位二进制信号的跳变依然提供收发端间的同步，但每位二进制数据的取值区分0和1是在相邻码元的边界。码元开始处跳变表示0，无跳变表示1，即发送1时，间隔开始时刻电平不跳变，发送0时，间隔开始时刻电平会跳变。这种编码方式主要应用在令牌环网中。

（二）模拟数据的数字信号编码

由于数字信号传输的质量好、价格低、便于数据的交换和处理，通常需要把模拟信号转换成数字信号来传输。模拟数据的数字信号编码常用的是脉冲编码调制技术（Pulse Code Modulation，PCM）。

PCM基于的采样定理是如果在规定时间间隔内，以有效信号$f(t)$两倍以上的速率对信号进行采样，而这些采样值包含便于分离的全部原始信号信息，当需要时可不失真地从这些采样值中重新构造出有效信号$f(t)$。PCM技术的典型应用是语音数字化。在发送端通过PCM编码器将语音数据变换为数字化的语音信号，通过通信信道传送到接收方，接收方再通过PCM解码器还原成模拟语音信号。PCM的工作过程分为采样、量化和编码三个步骤。

模拟信号数字化的第一步是在时间上对信号进行离散化处理，即将时间上连续的信号处理成时间上离散的信号，这一过程被称为采样。

量化就是把信号在幅度域上连续取值变换为幅度域上离散取值的过程。量化是一个近似表示的过程，即用有限个数值的离散信号近似表示无限个取值的模拟信号，量化级次则取决于系统的精度要求。

最后将量化后的采样样本电平对应成相应的二进制数值，如8bit就是使其在256种状态中取值。

（三）数字数据的模拟信号编码

将基带数字信号的频谱变换成适合在模拟信道中传输的频谱，一般通过以下三种不同载波特性的调制方法对数字数据进行调制，分别是调幅（AM）、调频（FM）和调相（PM）。

调幅也称移幅键控（Amplitude Shift Keying，ASK），即载波的振幅随基带数字信号而变化。用两种不同的幅度来表示二进制的1和0，通常1对应有载波输出，0对应无载波输出。调幅方式的特点是实现容易、设备简单，但抗干扰能力差。

调频也称移频键控（Frequency Shift Keying，FSK），即载波频率随基带数字信号而变化。它是用载波信号的两种不同频率来表示二进制的1和0。调频方式的特点是实现简单，抗干扰能力优于调幅方式，广泛应用于高频的无线电传输，甚至也能应用于较高频率的局域网。

调相也称移相键控（Phase Shift Keying，PSK），即载波的初始相位随基带数字信号而变化。可用0对应于相位0°，1对应于相位180°。此外，还有相对移相键控（DPSK），即0对应于相位发生变化，而1对应于相位不变化。由于检测相位的变化要比检测相位本身的数值更加容易，因此DPSK具有更好的抗干扰性。

为达到更高的信息传输速率，常采用技术上更复杂的多元制的振幅相位混合调制方法。

（四）模拟数据的模拟信号编码

模拟信号的编码过程主要涉及将模拟信号转换为数字信号，这通常通过A/D转换器实现。编码是将取得的量化数值转换为二进制数据的过程。在物理层，模拟信号的编码包括抽样、量化、编码等步骤，例如音频信号的PCM编码。此外，还有一些特定的编码技术，如非归零编码（NRZ）、曼彻斯特编码、差分曼彻斯特编码、归零编码（RZ）、反向不归零编码（NRZI）以及4B/5B编码等，这些技术用于处理和传输数据。

四、数据的同步技术

数据在信道上传输时，为保证发送端发送的信息能被接收端正确无误地接收，要求发送端和接收端动作的起始时间和频率保持一致的技术被称为同步技术。在数据通信的过程中同步是必需的，但实现同步的方式有两种：一种是同步方式，另一种是异步方式。

（一）同步方式

同步传输方式通常是将一组数据封装成帧。这些数据不需要附加起始位和停止位，而是在发送一组字符或数据块之前先发送一个同步字符SYN（以01101000表示）或一个同步字节（01111110），用于接收方进行同步检测，从而使收发双方进入同步状态。在同步字符或同步字节之后，可以连续发送任意多个字符或数据块，发送数据完毕后，再使用同步字符或同步字节来标识整个发送过程的结束。

（二）异步方式

异步方式又称起止同步方式，在异步传输方式中，每传送一个字符（7位或8位）都要在字符码前加一个起始位，以表示字符代码的开始；在字符代码和校验码后面加一或两个停止位，表示字符结束。接收方根据起始位和停止位来判断一个新字符的开始和结束，从而起到通信双方的同步作用。

异步传输方式比较容易实现，但每传输一个字符需要多用两三个附加位，所以只适于低速通信。相比较而言，异步方式易于实现，而同步方式数据传输速率高。

五、数据的复用技术

多路复用的原理：在发送端，多路复用器将多个输入信号合并后进行发送，到接收端后，多路复用器通过译码，从复合信号中分离出各原始信号。

常用的信道复用方式有频分多路复用、时分多路复用（TDM）、波分多路复用（WDM）和码分多路复用（CDMA）四种。

（一）频分多路复用

频分多路复用将多个信号调制在不同的载波频率上，从而在同一介质上实现同时传送多路信号，即将信道的可用频带（带宽）按频率分割多路信号的方法划分为若干互不交叠的频段，每路信号占据其中一个频段，从而形成许多个子信道；在接收端用适当的滤波器将多路信号分开，分别进行解调和终端处理。

（二）时分多路复用

时分多路复用又分为同步时分复用（STDM）和异步时分复用（ATDM）两种。

1. 同步时分复用

同步时分复用采用固定时间片分配方式，将传输信号的时间按特定长度连续地划分成特定时间段（一个周期），再将每一时间段划分成等长度的多个时隙，每个时隙以固定的方式分配给各路数字信号，各路数字信号在每一时段都顺序地分配到相应时隙。

要从时间上确保传输得及时、准确，就需要进行同步。由于在同步时分复用方式中，时隙预先分配且固定不变，无论时隙拥有者是否传输数据都占用该时隙，形成浪费，导致时隙的利用率很低。

2. 异步时分复用

异步时分复用也称统计时分复用，又称动态时分复用，它能动态地按需分配时隙，避免每个时间段中出现空闲时隙。当某一路用户有数据要发送时才把时隙分配给它；当用户暂停发送数据时，则不给它分配时隙。电路的空闲时隙可用于其他用户的数据传输。

在所有数据帧中，除了最后一个帧外，其他所有帧均不会出现空闲的时隙，从而提高了资源的利用率，也提高了数据传输速率。

（三）波分多路复用

波分多路复用也称光波的频分复用，指在同一根光纤上同时传送多个波长不同的光载波，光载波间隔仅为0.8nm或1.6nm。第二代波分复用系统已做到在一根光纤上复用80～160个光载波信号，每个波道的数据传输速率高达10Mb/s。

在工程上，一根光缆中可捆扎100根以上的光纤，得到的总数据传输速率达4Tb/s。

（四）码分多路复用

码分多路复用又称码分多址访问，它也是一种共享信道的方法，每个用户可在同一时间使用同样的频带进行通信。使用基于码型的分割信道方法，即每个用户分配一个地址码，各个码型互不重叠，通信各方之间不会相互干扰，抗干扰能力强。其有用信号的功率远远高于干扰信号的功率，从而可依据功率来区分信号。

六、数据的交换技术

在通信系统中，为了节省线路的费用，并不是任意两个节点之间都有直通线路。要实现两个节点之间的通信，往往需要另外一些节点的转接，就像电话交换机为通话双方接通线路一样，这个过程被称为转接，也称交换。

实现节点之间通信所需要的转接工作被称为数据交换。计算机网络中主要采用的交换方式有三种：电路交换、报文交换和分组交换。

（一）电路交换

电路交换即交换设备在通信双方找出一条实际的物理线路的过程。最早的电路交换连接是由电话接线员通过插塞建立的，现在则由计算机化的程控交换机实现。

电路交换的特点是数据传输前需要建立一条端到端的通路，即整个传输过程为：呼叫→建立连接→传输→挂断。

这种交换技术的优点是建立连接后，传输延迟小。缺点是建立连接的时间长，一旦建立连接就独占线路，线路利用率低，无纠错机制。

（二）报文交换

报文交换即整个报文作为一个整体一起发送。在交换过程中，交换设备将接收到的报文先存储，待信道空闲时再转发出去，一级一级中转，直到目的地，这种数据传输技术被称为存储—转发。这种交换技术的缺点是报文大小不一，造成缓冲区管理复杂；大报文造成存储转发的延迟过长；出错后整个报文需要全部重发。

（三）分组交换

分组交换与报文交换的工作方式基本相同，主要差别在于分组交换中要限制所传输的数据单位的长度。

第六章　计算机网络传输层

第一节　传输服务与协议

一、传输服务

（一）传输层提供的服务

传输层最终的目的是向它的高层用户（通常是应用层中的进程）提供可靠的、性价比合理的数据传输服务。为了达到这个目标，传输层使用网络层提供的服务，同时通过本层的传输协议来完成数据传输的功能。完成传输层功能的硬件或软件就被称为传输实体。

传输层提供两种类型的服务，即面向连接的传输服务和无连接的传输服务。面向连接的服务是一种可靠的服务，整个连接生存周期包括建立连接、数据传输和释放连接三个阶段。

这种方式和面向连接的网络服务非常相似。另外，无连接的传输服务和无连接的网络服务也非常相似。于是就出现了一个问题，既然传输层服务和网络层服务如此相似，那为什么还要设立这两个独立的层呢？它们能不能合并成一个层呢？答案是否定的。从以下两个方面来解释其原因。

首先，传输层存在于通信子网之外的主机中。传输层的代码完全运行在用户的机器上。但是网络层主要运行在承运商控制的路由器上（至少对广域网来说是如此）。因此，用户在网络层上并没有真正的控制权，所以他们不可能用最好的路由器，或者在数据链路层上用最好的错误处理机制来解决网络服务质量低劣的问题。解决这一问题的唯一办法就是在网络层之上增加一层，即传输层。传输层的存在使传输服务比网络服务更可靠，分组的丢失、残缺甚至网络复位都可以被传输层检测到，并采取相应的补救措施。而且，由于传输服务独立于网络服务，可以采用一个标准的原语集作为传输服务。而网络服务取决于不同的网络，可能会有很大的不同。因此，可以说传输层的存在可以提供更高质量的信息传输能力。

其次，从网络层来看，通信的两端是两个主机，IP数据报的首部明确地标识了这两个主机的IP地址。严格地讲，两个主机间进行通信，实际上就是两个主机中的应用进程相互通信。网络层虽然把分组由源主机送到了目标主机，但是这个分组还停留在目标主机的网络层，并没有交付给主机对应的应用进程。而从传输层来看，其通信的真正端点就是主机中的应用进程，传输层就是为运行在不同主机上的进程之间提供逻辑通信。

因此，传输层提供的是端到端的通信服务，在一个主机中经常有多个应用进程同时和另一个主机中的多个应用进程进行通信。例如，某用户在使用网页浏览器查找一个网站的信息时，其主机的应用层运行浏览器的客户进程。如果在浏览网页时，用户还要用电子邮件给网站反馈意见，那么主机的应用层还要运行电子邮件的客户进程。

（二）传输层协议分类

TCP/IP中的传输层有两个协议，传输控制协议（TCP）和用户数据报协议（UDP），它们分别用来满足传输不同性质应用层的需要。传输层所传输的数据报被称为传输协议数据单元（TPDU），根据所使用的协议是TCP还是UDP，分别被称为TCP报文段和UDP数据报，UDP数据报也被称为用户数据报。

下面简要介绍传输层所包括的两个协议功能、特点及其适用场合。

首先，TCP是面向连接的。在数据传输前发送方和接收方需要先建立连接，传输完数据后再释放连接。这种连接仅仅是发送方和接收方在通信前相互通知对方各自的情况，协商一些参数，并不是建立一条真正的固定物理链路，其数据报在网络上所走的路径可能是不同的。这种面向连接的服务采用的是一种确认机制，要求接收节点正确接收到数据后给发送节点发送确认信息，因而发送方知道它所发送的数据报是否被接收方正确接收到了，若所发出的数据报没有被接收方正确接收，发送方将采用重新传输等措施确保数据可靠传输到目的地，所以TCP

可以保证数据传输的正确性和可靠性。前面已经讲过，TCP工作在端主机上，而且一旦建立连接，收发双方可以同时发送和接收数据，所以TCP提供端到端的全双工通信（这里的端到端是指发送端和接收端），也就是说，TCP不能支持多播或广播业务。

其次，应用层可能同时运行多个用户进程，这些进程可能同时调用TCP进程为其提供服务，这一功能被称为TCP的复用。这就要求TCP具有区分应用层进程的能力，这种能力通过端口号来实现，TCP通过端口号能记住和识别哪个应用层进程调用它。与此同时，TCP在接收到响应数据时，能够将其正确地提交给相应的应用层进程，这一功能被称为TCP的分用。此外，TCP还具有流量控制、拥塞控制、顺序控制等功能。所以，TCP提供的是面向连接的、可靠的、端到端的全双工通信服务，但这些功能的实现是以增加系统的开销为代价的。由以上的分析可见，TCP非常适合对可靠性要求较高的长数据报进行传输，这样用于建立和释放连接所花费的时间代价才是值得的。

最后，与TCP一样，UDP也运行在端主机上，但它所提供的是端到端的无连接服务。在传输数据之前UDP不需要建立连接。既然通信前不需要建立连接，通信结束后也就不需要释放连接，这就节省了许多时间。对于少量数据的传输，若采用面向连接的方式，用于建立连接和释放连接的时间所占的比例过大，从而导致通信效率的降低，所以常采用UDP来进行传输。通过以上分析可见，UDP非常适合对实时性要求较高的短数据的传输。因为UDP是无连接的，接收方即使正确接收到了UDP数据报也不给发送方发送确认信息，这样发送方就不知道它所发送的数据报是否被接收方正确接收，所以UDP提供的是一种不可靠的服务。此外，使用UDP发送的数据分组在传输过程中可能出现丢失、乱序、重复等问题，但在某些情况下UDP仍是一种非常有效的工作方式。

（三）端口和套接字

1. 端口（Port）

传输层要解决应用进程之间通信的问题，而且应用层可以同时存在多个进程通信。在进程通信的意义上，网络通信的最终地址就不能只是主机地址了，还应包括可以关联应用进程的某种标识，支持多个进程的通信。为此，TCP/UDP使用了协议端口（Protocol Port）的概念，协议端口简称端口。TCP/UDP通过端口与上层的应用进程交互，端口标识了应用层中不同的进程。端口相当于OSI传输层与上层接口处的服务访问点（SAP）。

端口是一种抽象的软件结构，包括一些数据结构和输入、输出缓冲队列。应用程序与端口绑定（Binding）后，操作系统就创建输入、输出缓冲队列，容纳传输层和应用进程之间所交换的数据。

为了标识不同的端口，每个端口都拥有一个叫作端口号（Port number）的整数标识符，类似于文件描述符。由于TCP和UDP是完全独立的两个软件模块，它们的端口也相互独立，但端口号可以相同。比如，TCP有一个400号端口，UDP也可以有一个400号端口，它们并不冲突。TCP和UDP都规定使用16位的端口号，均可提供65535个端口。

端口号如何分配？一台主机上的应用程序如何知道网络中另一台主机上的应用程序所使用的端口号呢？为了解决这些问题，TCP/IP设计了一套有效的端口分配和管理办法，将端口分为以下两大类。

（1）服务器端使用的端口

服务器端使用的端口又分为两类，最重要的一类叫作熟知端口（Well-known Port）或系统端口，数值为0～1023。它们现在由互联网名称与数字地址分配机构（ICANN）管理，这些端口指派给了TCP/IP最重要的一些应用程序，让所有的用户都知道。当一种新的应用程序出现后，ICANN必须为它指派一个熟知端口，否则互联网上的其他应用进程就无法和它通信。另一类叫作登记端口，数值为1024～49151。这类端口是为没有熟知端口号的应用程序所使用的。使用这类端口号必须在ICANN按照规定的手续进行登记，以防止重复。

（2）客户端使用的端口

客户端使用的端口数值为49152～65535。这类端口仅在客户进程运行时才动态选择，因此又叫作动态端口或短暂端口。当服务器进程收到客户进程的报文时，就知道了客户进程所使用的端口，因而可以把数据发送给客户进程。通信结束后，刚才已使用的客户端口就不复存在了。这个端口就可以供其他客户进程使用。

2. 套接字（Socket）

传输层协议使用应用层接口处的端口与上层的应用进程进行通信，应用层的各种进程通过相应的端口与传输实体进行交互。在网络环境中，为了唯一标识传输层的一个通信端口，传输层引入了套接字的概念。因为端口号由不同主机独立分配，所以不可能全局唯一，而将网络上具有唯一性的IP地址和端口号结合在一起，就构成了唯一能识别的标识符，即如下二元组：（主机IP地址，端口号）

这个二元组被称为插口（socket），或套接字、套接口。

TCP是面向连接的，在通信之前要建立连接，TCP连接包括本地连接和远程的一对端点。一个TCP连接实际上用如下的四元组描述：（源主机IP地址，源端口号，目的主机IP地址，目的端口号）

由此可见，两个计算机中的进程要相互通信，不仅必须知道对方的IP地址（为了找到对方的计算机），而且要知道对方的端口号（为了找到对方的计算机中的应用进程）。传输层的TCP/UDP要和应用层的多个进程交互，使用端口号标识了不同的进程，传输层通过端口机制提供了复用（Multiplexing）和解复用（Demultiplexing）的功能。每个应用程序在发送用户数据之前与操作系统进行交互，获得协议端口和相应的端口号。在发送端，多个应用层进程可以通过不同的端口复用TCP/UDP发送数据。在接收端，则根据其中的目的端口进行解复用，交给不同的应用进程。

二、用户数据报协议（UDP）

用户数据报协议（UDP）是一个简单的面向数据报的传输层协议，主要用来支持那些需要在计算机之间传输数据的网络应用。包括网络视频会议系统在内的众多的客户/服务器模式的网络应用都需要使用UDP。用户数据报协议是对IP协议族的扩充，它增加了一种机制，发送方使用这种机制可以区分一台计算机上的多个接收者。每个UDP报文除了包含某用户进程发送的数据外，还有报文目的端口的编号和报文源端口的编号，这使得在两个用户进程之间递送数据报成为可能。

UDP是依靠IP来传输报文的，因而它的服务和IP一样是不可靠的，这种服务不用确认、不对报文排序，也不进行流量控制，UDP报文可能会出现丢失、重复、失序等现象。进程的每个输出操作都正好产生一个UDP数据报，并组装成一份待发送的IP数据报。UDP不提供可靠性，它把应用程序传给IP层的数据发送出去，但是并不保证它们能到达目的地。应用程序必须关心IP数据报的长度。如果它超过网络的MTU，那么就要对IP数据报进行分片。

（一）UDP的特点

用户数据报协议（UDP）只在IP的数据报服务上增加了很少的功能，这就是端口的功能（有了端口，传输层就能进行复用和分用）和差错检测的功能。虽然UDP用户数据报只能提供不可靠的端到端的服务，但UDP在某些方面有其特殊的优点，例如以下几个方面。

UDP是无连接的。这是指发送数据之前不需要建立连接（当然发送数据结束时也没有连接可释放），因此减少了开销和发送数据之前的时延。

UDP使用尽最大努力交付。UDP既不保证可靠交付，又不使用拥塞控制，因此主机不需要维持具有许多参数的、复杂的连接状态表。

UDP没有拥塞控制，网络出现的拥塞不会使源主机的发送速率降低。这对某些实时应用来说是很重要的，很多的实时应用（IP电话、实时视频会议等）要求源主机以恒定的速率发送数据，并且允许在网络发生拥塞时丢失一些数据，但不允许数据有太大的时延。UDP正好满足这种需求。

需要注意的是，虽然某些实时应用需要使用没有拥塞控制的UDP，但当很多源主机同时向网络发送高速率的实时视频流时，网络就有可能发生拥塞，结果大家都无法正常接收。因此，UDP没有拥塞控制功能可能会使网络产生严重的拥塞问题。这种情况下，应用进程本身可在不影响应用实时性的前提下增加一些提高可靠性的措施，如采用前向纠错或重传已丢失的报文等。

UDP是面向报文的。这就是说，UDP对应用程序交下来的报文不再划分成若干个分组来发送，也不把收到的若干个报文合并后再交付给应用程序。应用程序交给UDP一个报文，UDP就发送这个报文；而UDP收到一个报文，就把它交付给应用程序。因此，应用程序必须选择合适大小的报文。若报文太长，UDP把它交给IP层，IP层在传送时可能要进行分片，这会降低IP层的效率。反之，若报文太短，UDP把它交给IP层后，会使IP数据报的首部相对变大，这也会降低IP层的效率。

UDP支持一对一、一对多、多对一和多对多的交互通信。

UDP只有8B的首部开销，比TCP 的20B首部要短。

UDP通过端口机制来提供复用和分解的功能。它接收多个应用程序送来的数据报，把它们送给IP层传输，同时它接收IP层送来的UDP数据报，把它们送给对应的应用程序。每个应用程序在发送数据报之前必须与操作系统进行协商，以获得协议端口和相应的端口号。

凡是利用指定的端口发送数据报的应用程序，都要把端口号放入UDP报文中的源端口字段中。

UDP不提供可靠服务，许多基于UDP的应用程序在高可靠性、低延时的局域网中运行得很好，而一旦到了通信子网服务质量（Qos）很低的互联网环境中，根本不能运行。原因就在于UDP不可靠，而这些程序本身又没有做可靠性处理。因此，基于UDP的应用程序在不可靠子网上必须自己解决不可靠性（诸如报文丢失、重复、失序和流控等）问题。

既然UDP如此不可靠，为何TCP/IP还要采纳它？最主要的原因在于UDP的高效率。在实践中，UDP往往面向交易型应用，一次交易一般只有一次往返报文交换，假如为此建立连接和撤销连接，开销是相当大的。在这种情况下使用UDP就很有效了，即使因报文损失而重传一次，其开销也比面向连接的传输小。

对可靠性要求高的应用一般采用TCP。

（二）UDP报文格式

每个UDP报文称为一个用户数据报，分为UDP首部和UDP数据两部分。首部是8B的固定首部，没有选项，有四个16bit长的字段。

UDP首部各字段的意义如下。

源端口号（16bit）。它是运行在源主机上的进程所使用的端口号。端口号的范围是0～65535。若源主机是客户端（当客户进程发送请求时），在大多数情况下这个端口号就是动态端口号。若源主机是服务器端（当服务器进程发送响应时），在大多数情况下这个端口号就是熟知端口号。

目的端口号（16bit）。它是运行在目的主机上的进程所使用的端口号。端口号的范围是0～65535。若目的主机是服务器端（当客户进程发送请求时），在大多数情况下这个端口号就是熟知端口号。若目的主机是客户端（当服务器进程发送响应时），在大多数情况下这个端口号就是动态端口号。

总长度（16bit）。它定义了用户数据报的总长度，是首部加上数据的长度之和。可定义的总长度是0～65535B。但是，最小值是8B，它表示用户数据报只有首部而无数据，即允许数据字段为0。在许多UDP应用程序的设计中，其应用程序数据被限制为512B或更小。例如路由信息协议（RIP）发送的数据报要小于512B。另外，其他的UDP应用程序，如TFTP（简单文件传输协议）、BOOTP（引导程序协议）、SNMP（简单网络管理协议）、DNS（域名服务）等也有这个限制。

UDP校验和（16bit）。UDP校验和覆盖UDP首部与UDP数据。校验和首先在数据发送方通过特殊的算法计算出来，在传递到接收方之后，还需要重新计算。如果某个数据报在传输过程中被第三方篡改或者由于线路噪声等原因受到损坏，发送方和接收方的校验计算值就不会相符，因此UDP可以检测传输过程是否出错。UDP的校验和是可选的，如果该字段值为0表明不进行校验，将其关闭可以使系统的性能有所增强。这与TCP是不同的，后者要求必须具有校验和。

需要注意的是，当UDP校验和标识为1时，在计算校验和时，需要临时用到一个“伪首部”，“伪首部”包含32bit源IP地址、32位目的IP地址、8bit协议、16bit UDP长度。通过伪首部的校验，UDP可以确定该数据报是不是发给本机的，通过首部协议字段，UDP可以确认有没有误传。

（三）UDP泛洪攻击

泛洪攻击，又称洪水攻击或淹没攻击（Flood Attack），顾名思义，就是攻击端像潮水一样不停地发送大量数据，导致被攻击端的主机资源由于等待响应而被耗尽的一种攻击方式，是基于主机的拒绝服务攻击（Denial of Service，DoS）的一种。

UDP泛洪（UDP Flood）是指攻击者通过向目标主机发送大量的UDP报文，导致目标主机忙于处理这些UDP报文，而无法处理正常的报文请求或响应。UDP是一种无连接的协议，而且它不需要用任何程序建立连接就可传输数据，此外，UDP源地址可以很容易被伪造，因此UDP泛洪攻击成了一种黑客非常喜欢的带宽泛洪攻击。

当受害系统接收到一个UDP数据报的时候，它会确定目的端口正在等待中的应用程序。当它发现该端口中并不存在正在等待的应用程序，它就会产生一个目的地址无法连接的ICMP数据报发送给该伪造的源地址。如果向受害者计算机端口发送了足够多的UDP数据报，整个系统就会瘫痪。

UDP泛洪攻击通常利用UDP小数据报文冲击服务器或Radius认证服务器、流媒体视频服务器。100kbit/s的UDP Flood经常将线路上的骨干设备例如防火墙打瘫，造成整个网段的瘫痪。

如果黑客攻击应用中的端口，就会直接通过发送大量小数据报文来交换大量的数据包，以达到阻塞端口的目的。如果攻击端口没有应用，那么服务器向目的地发送ICMP不可达的数据报文，当有大量的UDP请求时，很容易阻塞上行链路。

由于UDP的应用十分广泛，针对UDP Flood的防护要根据具体的情况来确定。正常应用情况下，UDP报文双向流量会基本相等，而且大小和内容都是随机的，变化很大。在出现UDP Flood的情况下，针对同一目标IP的UDP报文在一侧大量出现，并且内容和大小都比较固定。一般情况下有三种防护方式：①判断包大小。如果是大报文攻击，根据攻击报文大小设定报文碎片重组大小，通常不小于1500。极端情况下，可以考虑丢弃所有UDP碎片。②攻击业务端口。根据该业务UDP最大报文长度，设置UDP最大报文大小以过滤异常流量。③攻击非业务端口。若是丢弃所有UDP报文，可能会误伤正常业务；若是建立UDP连接规则，就要求所有去往该端口的UDP报文，必须首先与TCP端口建立TCP连接。不过这种方法需要很专业的防火墙或其他防护设备支持。

三、传输控制协议（TCP）

（一）TCP的特点

传输控制协议（Transfer Control Protocol，TCP）是专门设计用于在不可靠的互联网上提供可靠的、端到端的字节流通信的协议。当传输过程中出现差错、网络软件发生故障或网络负载太大时，分组可能会丢失，数据可能被破坏。这就需要应用程序负责进行差错检测和恢复工作，因此需要有一种可靠的数据流传输方法来保证通信的畅通。TCP就是这样的协议，它对应OSI模型的传输层，在IP的基础上，提供端到端的面向连接的可靠传输。

TCP采用“带重传的肯定确认”技术来实现传输的可靠性。简单的“带重传的肯定确认”是指与发送方通信的接收者，每接收一次数据，就送回一个确认报文，发送方对每个发出去的报文都留有一份记录，等到收到确认之后再发出下一报文分组。发送者发出一个报文分组，就启动一个计时器，若计时器计数完毕，确认还未到达，则发送者重新发送该报文分组。

简单的确认重传严重浪费带宽，TCP还采用一种被称为“滑动窗口”的流量控制机制来提高网络的吞吐量，窗口的范围决定了发送方已发送的但未被接收方确认的数据报的数量。

每当接收方正确收到一则报文时，窗口便向前滑动，这种机制使网络中未被确认的数据报数量增加，提高了网络的吞吐量。

TCP通信建立在面向连接的基础上，实现了一种“虚电路”的概念。双方通信之前，先建立一条连接，然后双方就可以在这条连接上发送数据流。这种数据交换方式能提高效率，但事先建立连接和事后拆除连接需要开销。TCP连接的建立采用三次握手的方式，整个过程由发送方请求建立连接、接收方确认、发送方再发送一则关于确认的确认三个过程组成。

TCP的特点主要表现在以下几个方面。

面向连接服务。面向连接的传输服务对保证数据流传输的可靠性是十分重要的。它在进行实际数据报传输之前必须在源进程与目的进程之间建立传输连接。一旦连接建立，通信的两个进程就可以在该连接上发送和接收数据流。

高可靠性。TCP也是建立在不可靠的网络层IP基础上的，IP不能提供任何保证分组传输可靠性的机制，因此TCP的可靠性需要由自己来实现。TCP支持数据报传输可靠的主要方法是确认与超时重传。

TCP用户数据被分割成一定长度的数据块，它的服务数据单元被称为报文段或段（Seg-ment）。TCP将保持头部和数据的检验，目的是检测数据在传输过程中是否出现错误。在接收端，当TCP正确接收到报文段时，它将发送确认；在发送端，当TCP没有收到确认时，将重发这个报文段。TCP可以采用自适应的超时及重传策略。

全双工通信。TCP允许全双工通信。在两个应用进程传输连接建立之后，客户与服务器进程可以同时发送和接收数据流。TCP在发送端和接收端都使用缓存。发送缓存用来存储进程准备发送的数据，接收缓存用来存储收到的报文段，将它们存储在缓存中，等待接收进程读取对方传送来的数据。

支持数据流传输。TCP提供一个流接口（Stream interface），应用进程可以利用它来发送连续的数据流。TCP传输连接提供一个“管道”，保证数据流从一端正确地“流”到另一端。TCP对数据流的内容不作任何解释。TCP不知道传输的数据是流式二进制数据，还是ASCⅡ字段、EBCDIC字符或者其他类型数据，对数据流的解释由双方的应用程序处理。

传输连接的可靠建立与释放。为了保证传输连接与释放的可靠性，TCP使用了三次握手（3-way Handshake）的方法。在传输连接建立阶段，防止出现因“失效的连接请求数据报”而造成连接错误。在释放传输连接阶段，保证在关闭连接时已经发送的数据报可以正确地到达目的端口。

提供流量控制与拥塞控制。TCP采用了大小可以变化的滑动窗口方法进行流量控制，发送窗口在建立连接时由双方商定。在通信过程中，发送端可以根据自己的资源情况随机、动态地调整发送窗口的大小。而接收端将跟随发送端调整接收窗口。

（二）TCP报文格式

TCP虽然是面向字节流的，但TCP传送的数据单元却是报文段。TCP通过报文段的交互来建立连接、传输数据、发送确认、通告窗口大小以及关闭连接。TCP报文段分为两个部分，前面是报头，后面是数据。报头的前20B格式是固定的，后面是可能的选项。不带任何数据的报文也是合法的，一般用于确认和控制报文。

1. TCP 固定首部部分

（1）源端口号（16bit）：（连同源主机IP地址）标识源主机的一个应用进程。

（2）目的端口号（16bit）：（连同目的主机IP地址）标识目的主机的一个应用进程，源端口号和目的端口号加上IP报头中的源主机IP地址和目的主机IP地址唯一确定一个TCP连接。

（3）序号（32bit）：用来标识从TCP源端向TCP目的端发送的数据字节流，表示在这个报文段中的第一个数据字节的序号。如果将字节流看作在两个应用进程间的单向流动，则TCP用序号对每个字节进行计数。序号是32bit的无符号数，可对4GB的数据进行编号，而且可以使序号循环一周的时间足够长，不至于在短时间内产生相同的序号。例如，若某一个分段的序号值为“1301”，而其所携带的数据长度为500B，则相当于该分段数据的第一个字节的顺序号为1301，最后一个字节的序号值为1800，并且该数据流下一个分段的顺序号字段值应该为“1801”。

TCP为应用层提供全双工服务，这意味着数据能在两个方向上独立地传输。因此，连接的每一端必须保持每个方向上传输数据的序号。

（4）确认号（32bit）：包含发送确认的一端所期望收到的下一个顺序号。因此，确认序号应当是上次已成功收到数据字节顺序号加1。例如，若接收方正确地接收了一个顺序号为“1301”、长度为500B的分段，则它发送给对方的确认号值就会是“1801”，即表示期望接收的下一个分段的第一个字节的序号应该是1801。只有ACK标志为1时确认序号字段才有效。

（5）数据偏移（首部长度）（4bit）：指出TCP报文段的数据起始处距离

TCP报文段的起始处有多远。“数据偏移”的单位是32bit（以4B为计算单位）。需要这个字段是因为选项字段的长度是可变的。这个字段占4bit，因此TCP最多有60B的首部。如果没有选项字段，正常的报头长度是20B。

（6）保留位（6bit）：保留给将来使用，目前必须置为0。

（7）控制位（6bit）：在TCP报头中有六个标志位，它们中的多个可同时被设置为1。依次如下。

①URG：为1表示紧急指针有效，为0则忽略紧急指针值。如果指针有效则通知接收方，在紧急指针指示的位置之前，数据流中有紧急数据传输。例如TCP用于远程登录会话服务，远程主机上的程序突然出现错误时，用户可能要从本地键盘上输入几个控制字符中断远端运行的程序，这种信号应该尽快处理。TCP停止在发送缓存区积累数据，尽快将已有的数据发送出去。TCP发送的下一个报文段将把URG置为1并使首部中的紧急指针字段有效。紧急指针字段的值指示紧急数据最后字节相对于本报文段序号的偏移量，两者相加可以得到紧急数据在数据流中最后字节的位置（但不知道开始位置，由应用程序处理）。即使此时接收方通告了0窗口，终止了连接上的数据流，发送方仍可以发送紧急报文段。接收方收到URG置为1的报文段之后，接收方应用程序进入紧急模式尽快处理紧急数据。接收方应用程序处理的数据超过紧急指针指示的位置，便恢复到正常操作状态。

②ACK：为1表示确认号有效，为0表示报文中不包含确认信息，忽略确认号字段。

③PSH：为1表示带有PUSH标志的数据，指示接收方应该尽快将这个报文段交给应用层而不用等待缓冲区装满。

④RST：用于复位由于主机崩溃或其他原因而出现错误的连接。它还可以用于拒绝非法的报文段和连接请求。一般情况下，如果收到一个RST为1的报文，那么一定发生了某些问题。

⑤SYN：同步序号，当报文段的SYN=1和ACK=0时，表明它是一个连接请求，若对方同意建立连接，应在响应报文段中置SYN=1和ACK=1。

⑥FIN：用于释放连接，为1表示发送方已经没有数据发送了，即关闭本方数据流，释放TCP连接。

⑦窗口大小（16bit）：数据字节数，表示从确认号开始，本报文的源端可以接收的字节数，即源端接收窗口大小。窗口大小是一个16bit字段，因而窗口大小

最大为65535 B。

⑧校验和（16bit）：此校验和是整个TCP报文段的，包括TCP头部和TCP数据，这是一个强制性的字段，由发送端计算和存储，并由接收端进行验证，TCP将丢弃校验和有错误的报文段，并进行重传处理。

⑨紧急指针（16bit）：只有当URG标志置1时紧急指针才有效。紧急指针是一个正的偏移量，和顺序号字段中的值相加表示紧急数据最后一个字节的序号。TCP的紧急方式是发送端向另一端发送紧急数据。

2. TCP 选项部分

选项的长度可变，最长可达40B。可选内容有以下几个。

（1）最大报文段长度选项（MSS）。MSS指的是TCP报文段所携带数据的最大长度，单位为字节，不能超过此限制。一个TCP连接的两端必须协商一个MSS值。在建立TCP连接时，双方的TCP软件使用选项字段协商MSS，然而在互联网环境中，选择合适的MSS是很困难的。一方面，选择过小的MSS会使得IP数据报封装在底层网络的帧中时装不满，降低网络利用率；另一方面，过大的MSS可能引起IP数据报在传输过程中分片，也会降低网络的性能。

TCP选择最佳报文长度的简单做法是取建立连接时双方声明的MSS的较小值。如果一方没有声明MSS，MSS取默认值536B，那么，所有互联网上的主机都能接受的TCP报文段的长度就是556B（536+20）。

（2）窗口比例因子选项。计算机网络技术的飞速发展使得当时TCP的某些规定不能适应今天的需要，如TCP仅16bit的通告窗口字段限制了连接上的传输带宽。为此，TCP规定了窗口比例因子选项，扩大了通告窗口的数值。窗口比例因子由双方在建立连接时商定。

16bit的窗口字段只能通告最大64KB（65536bit）的发送窗口值，发送方只有经过一个往返时间（RTT）才能发送窗口中的数据并收到确认，之后才能向前滑动发送窗口并继续发送数据。因此，TCP最多只能在RTT时间内发送64KB的数据。随着技术的发展和网络带宽的提高，64KB的通告窗口已经不够用了，所以TCP对16bit窗口进行了扩展。TCP用窗口比例因子选项扩展窗口值，窗口比例因子表示原来16bit的窗口值向左移位的次数，每移一次，窗口值翻一番。窗口比例因子的最大值为14，窗口最多可扩大16384倍（2^{14}），所以扩展后的窗口可达2^{20}KB（16384×64KB）。

（3）时间戳选项。在高速线路上，TCP32bit的序号字段因序号循环加快可能引起报文段重号的问题。TCP定义了时间戳选项，可以解决这一问题。发送方TCP在每个发送的报文段首部插入32bit的时间戳，接收方将收到的时间戳插入ACK报文段中以作回应。将32bit的时间戳和32bit的序号组合在一起使用，就可以解决序号循环产生的重号问题。另外，时间戳还能用于报文段往返时间（RTT）的计算。

（4）负确认选项。TCP采用累积确认进行差错控制，累积确认是一种正确认机制。TCP又引入了负确认选项（NAK），进行选择重传ARQ，得到广泛应用。当接收方收到失序的报文段时，TCP将失序的报文段缓序，并给发送方发送一个NAK确认，指明空缺数据的首字节序号以及报文段的数目，请求发送方发送，其中报文段数目是根据最大报文段长度MSS计算出来的。若接收方收到了有序但校验错误的报文段并且后面又收到了正确的报文段，TCP就会丢弃错误的报文段并将后面的正确报文段缓存。失序的报文段也进行同样的处理。发送方在收到NAK之后，根据接收方在NAK中指明的空缺数据首字节序号及报文段数目等信息，重发报文段。接收方收到后，连同原来缓存的失序报文段的数据一起向发送方发回累积确认。

（三）可靠传输的工作原理

1. 具有简单流量控制的停止等待协议

要使传输信道不会产生差错，数据既不出错也不会丢失，需要处理的主要问题如下：如何防止发送过程中发送方发送数据过快，而使接收方来不及处理。为了使接收方的接收缓冲在任何情况下都不会溢出，通常的解决方法是要求接收方在收到发送方的分组后，向发送方提供一个反馈，即一个确认分组，发送方在收到这个确认后，才能继续发送下一个分组。因为发送方需要停下来等待确认分组，所以被称为停止等待协议。需要注意的是，在传输层并不使用这种协议，这里只是为了引出可靠传输的问题才从最简单的概念讲起。在传输层使用的可靠传输协议要比这个复杂得多。

具有简单流量控制的停止等待协议：它是由接收方控制发送速率的。发送方每发完一个数据分组后就必须停下来，等待接收方的消息。假定数据在传输过程中不会出错，接收方将数据分组交给主机B后再向主机A发送确认消息，这个消息不需要任何具体内容，不需要说明收到的数据正确与否。

2. 停止等待 ARQ 协议

传输信道不能保证所传的数据不产生差错，同时还需要对数据的发送端进行流量控制。由于传输信道不再是理想状况，数据在传输中可能会出现超时、出错、丢失等现象，停止等待协议在此时就要考虑两类差错。

第一类差错是到达目的端的数据分组可能会出现损坏（有差错）、超时到达或丢失现象。如果是到达目的端的数据分组出现了损坏（有差错）的情况，接收方检测到了差错，就向发送方发送一个要求重传该数据分组的确认帧（NCK）。如果多次出现差错，就要多次重传该数据分组，直到发送方收到接收端发来的要求下一个数据分组的确认帧（ACK）为止。所以，在发送端必须保留一个发送的数据分组副本以便重传。当通信线路质量太差时，发送端在重传一定次数后（预先设定好）就不再重传，而是将此情况向上一层报告。

由于信道的一些原因，接收端可能会出现收不到发送端发来的数据分组，或经过很长时间（发送端最长的等待时间）才收到数据分组的情况。前一种情况被称为数据分组丢失，后一种被称为超时。发生数据分组丢失现象时，接收端就不会向发送端发送任何确认帧。发送端如果需要等到接收端的确认帧才能发送下一个数据分组，那么就将永远等待下去，于是出现死锁现象。

解决这个问题的方法是在发送端设置一个定时器，发送完一个数据分组后，就启动一个超时定时器，然后等待接收确认信息。如果到了定时器设定的时间（重传时间）仍没有收到确认，那么发送端就将同一个数据分组重发一次。超时定时器设置的重传时间应仔细选择确定，如果重传时间设置太长，会浪费很多时间；如果设置太短，则正常情况下也有可能在对方的确认帧到达发送方之前就过早地重传了数据。一般将重传时间设置为略大于从发送数据分组到收到确认帧所需的平均时间。

如果出现超时现象，虽然不会出现死锁的情况，但是发送方或接收方需等待很长时间才能进行下一个数据分组的传送，严重影响传输效率。这种问题的解决方法仍然和数据丢失情况一样，通过设置超时定时器来解决。

第二类差错是确认帧（ACK）出现损坏或丢失。如果接收端发送的确认帧在传输过程中出现超时或丢失、出错，导致发送端无法识别（相当于丢失），那么同样会发生死锁现象或导致传输效率不高。这类差错的解决方法与第一类相同，也是通过设置超时重传定时器来解决。

3. 连续 ARQ 协议

滑动窗口协议比较复杂，是TCP的精髓所在。接收方一般都是采用累积确认的方式对接收到的信息进行反馈。也就是说，接收方不必对收到的分组逐个发送确认，而是可以在收到几个分组后，对按序到达的最后一个分组发送确认，这样就表示到这个分组为止的所有分组都已正确收到了。

累积确认有优点也有缺点。优点是容易实现，即使确认丢失也不必重传。但缺点是不能向发送方反映出接收方已经正确收到的所有分组的信息。

例如，如果发送方发送了前五个分组，而中间的第三个分组丢失了，那么接收方只能对前两个分组发出确认。发送方无法知道后面三个分组的下落，只好把后面的三个分组都重传一次。这就叫作Go-back-N（回退N），表示需要再退回来重传已发送过的N个分组。可见当通信线路质量不好时，连续ARQ协议会带来负面的影响。

第二节　TCP拥塞控制与连接管理

一、TCP拥塞控制

当一个网络面对的分组负载超过了它的处理能力时，拥塞就会发生。于是，路由器便丢弃了数据报。从这个角度看，拥塞控制的目标就是将网络中的分组数量维持在一定的水平之下；若网络中的分组数量超过这个水平，网络的性能就会急剧恶化。

因特网的拥塞控制措施在网络层和传输层上都有。在网络层上，路由器通过观察队列长度的变化（在一个已拥塞的网络中，队列长度在很长一段时间内按指数规律增长）来检测拥塞，并使用ICMP SOURCE QUENCH报文通知主机；在传输层上，TCP根据数据报的超时来判断网络中出现了拥塞，并自动降低传输速率。TCP的拥塞控制措施是最主要的，因为解除拥塞最根本的办法还是降低数据传输速率。

TCP一般根据超时来判断拥塞。因为端点通常不知道由于什么原因或在什么地方发生了拥塞，对于端点来说，拥塞的表现就是超时。但是超时有两个原因，一是数据报传输出错被丢弃，二是拥塞的路由器把数据报丢弃。很难区分是哪种原因导致超时。将超时都归咎于拥塞是否合理，这要看具体的网络环境。在目前的固定网络中，由于大多数长距离的主干线都是光纤，误码率很低。传输错误导致分组丢失的情况相对较少，所以将超时作为拥塞的标志是合理的。但是在无线移动网络中，由于无线链路的误码率很高，传输容易出错，加之节点在切换链路的过程中也会丢失数据报，这时将超时作为拥塞的标志就不合理了。但TCP最初是针对固定网络设计的，因此它考虑的是第一种情况。当将TCP应用于无线移动网络时，必须做一些修改才能使用。

（一）理想的带宽分配

在讨论具体的拥塞算法之前，必须理解拥塞控制算法要达到的目标是什么。也就是说，必须说明一个好的拥塞控制算法在网络中的运行状态。拥塞控制算法的目标是避免拥塞，即为使用的网络传输层找到一种好的带宽分配方法。一个良好的带宽分配方法能带来良好的效能，因为它既能利用所有的可用带宽又能避免拥塞，而且它对整个竞争的传输实体是公平的，并能快速跟踪流量需求的变化。

由此可见，理想的带宽分配算法必须满足以下三个条件：①网络的利用效率最大化；②多个传输实体在带宽竞争中的公平性；③在保证上述两个条件下，算法能快速收敛。

1. 利用效率

为整个传输实体有效分配带宽应该利用所有可用的网络容量。假设存在一条100Mbit/s的链路，有五个传输实体共同使用这条链路，理论上每个实体获得20Mbit/s。但实际上，要想获得良好的性能，它们获得的带宽应该小于20Mbit/s。原因是流量通常呈现突发性。

随着负载的增加，实际网络吞吐量以同样的速度增加。突发流量可能导致网络内缓冲区偶尔被充满并造成一些数据报的丢失，因而出现实际吞吐量的衰减。如果传输协议设计不当，重传的数据报依然会被延迟但还未被丢弃，此时网络内数据报越积越多，最终拥塞崩溃。

2. 公平性

公平性涉及在多个传输实体之间划分带宽的问题。通常情况下，网络无法为每个数据流或连接执行严格的带宽预留，而是让众多连接去竞争可用带宽，或将网络合并在一起共同分配带宽。例如，IETF的区分服务就将流量分成两类，每个类中的连接竞争带宽的使用。IP路由器通常让所有的连接竞争相同的带宽。在这种情况下，正是拥塞控制机制来为竞争的各个连接分配带宽。

公平的带宽分配一般采用最大—最小公平策略（max-min faimess），它的原则是：如果分配给一个数据流的带宽在不减少分配给另一个数据流带宽的前提下无法得到进一步增长，那么就不给这个数据流更多的带宽。也就是说，不能在损害其他数据流带宽的前提下增加一个数据流的带宽。

最大—最小公平策略的算法是：所有的数据流从速率零开始，然后缓慢增加速率。当任何一个数据流的速率遇到瓶颈，就停止该数据流的速率增加；所有其他的数据流继续增加各自的速率，平等共享可用容量，直到它们也达到各自的瓶颈。

最大—最小公平策略可以防止任何数据流被“饿死”，同时在一定程度上尽可能增加每个数据流的速率。因此，最大—最小公平被认为是一种很好权衡有效性和公平性的自由分配策略。

3. 收敛

理想带宽分配的最后一个条件是拥塞控制算法能否快速收敛到公平而有效的带宽分配上。实际网络中的连接是动态增加和减少的，而且一个给定连接所需要的带宽也会随时间而变化，例如，一个用户在浏览网页的过程中可能偶尔也会下载大的视频。

由于需求的变化，网络的最佳平衡点也随着时间推移而改变。一个良好的拥塞控制算法，应能快速收敛到最佳平衡点，并跟踪随时变化的操作点。如果收敛速度太慢，则算法永远无法接近已经改变的平衡点；如果算法不稳定，它也可能在某些情况下无法收敛到正确的平衡点，甚至围绕着正确的平衡点振荡。

（二）拥塞控制原理

可以把出现网络拥塞的条件写成如下的关系式：

$$\sum 对资源的需求 > 可用资源$$

若网络中有许多资源同时呈现供应不足，那么网络的性能就会明显变差，整个网络的吞吐量将随输入负荷的增大而下降。

拥塞常常趋于恶化。如果一个路由器没有足够的缓存空间，它就会丢弃一些新到的分组。但当分组被丢弃时，发送这一分组的源点就会重传这一分组，甚至可能还要重传多次。这样会引起更多的分组流入网络和被网络中的路由器丢弃。可见拥塞引起的重传并不会缓解网络的拥塞，反而会加剧网络的拥塞。

拥塞控制与流量控制的关系密切，它们之间也存在着一些差别。所谓拥塞控制就是防止过多的数据注入网络，使网络中的路由器或链路不至于过载。拥塞控制的一个前提，就是网络能够承受现有的网络负荷。拥塞控制是一个全局性的过程，涉及所有的主机、路由器，以及与降低网络传输性能有关的所有因素。TCP连接的端点只要迟迟不能收到对方的确认信息，就猜想在当前网络中的某处很可能发生了拥塞，但这时却无法知道拥塞到底发生在网络的何处，也无法知道发生拥塞的具体原因（是访问某个服务器的通信量过大，还是在某个地区出现自然灾害？）。

相反，流量控制往往指点对点通信量的控制，是端到端的问题（接收端控制发送端）。流量控制所要做的就是抑制发送端发送数据的速率，以便接收端接收。

拥塞控制和流量控制之所以常常被弄混，是因为某些拥塞控制算法是向发送端发送控制报文，并告诉发送端，网络已出现拥塞，必须放慢发送速率。这点和流量控制是很相似的。

从原理上讲，寻找拥塞控制的方案无非是寻找使上式不再成立的条件。要么增大网络的某些可用资源（如业务繁忙时增加一条链路，增大链路的带宽或使额外的通信量从另外的通路分流），要么减少一些用户对某些资源的需求（如拒绝接受新的建立连接的请求或要求用户减轻其负荷，这属于降低服务质量）。因此，在采用某种措施时，必须考虑到该措施所带来的其他影响。

实践证明，拥塞控制是很难设计的，因为它是一个动态的（而不是静态的）问题。当前网络正朝着高速化的方向发展，很容易出现缓存不够大而造成分组丢失的情况。但分组的丢失是网络发生拥塞的征兆而不是原因。在许多情况下，拥塞控制机制本身是引起网络性能恶化甚至发生死锁的原因。这点应特别予以重视。

有很多方法可用来监测网络的拥塞。主要的一些指标是由于缺少缓存空间而被丢弃的分组的百分数、平均队列长度、超时重传的分组数、平均分组延时、分组延时的标准差等。上述这些指标的上升都标志着拥塞的增加。

在监测到拥塞发生时，一般要将拥塞发生的信息传送到产生分组的源站。当然，通知拥塞发生的分组同样会使网络更加拥塞。

另一种方法是在路由器转发的分组中保留一个比特或字段，用该比特或字段的值表示网络没有拥塞或产生了拥塞。也可以由一些主机或路由器周期性地发出探测分组，以询问拥塞是否发生。

此外，过于频繁地采取行动以缓和网络的拥塞，会使系统产生不稳定的振荡。但过于迟缓地采取行动又不具有任何实用价值。因此，要采用某种折中的方法。但选择正确的时间常数是相当困难的。

（三）拥塞控制算法

为了在传输层进行拥塞控制，1999年公布的互联网建议标准RFC2581定义了四种算法，即慢开始、拥塞避免、快重传和快恢复。

1. 慢开始算法

慢开始算法的原理：当一个连接被建立起来的时候，如果发送方立即使用一个较大的发送窗口，把发送缓冲区中的全部数据字节都注入网络中，那么就有可能引起网络拥塞。经验证明，较好的方法是先试探一下，即由小到大逐渐增大发送方的拥塞窗口数值。在刚刚开始发送报文段时，通常将拥塞窗口初始化为该连接上当前使用的MSS。然后发送一个最大的报文段，如果该报文段在定时器超时之前被确认，则将拥塞窗口增加一个MSS的字节数，从而使拥塞窗口变成两倍的MSS，然后发送两个报文段；如果这两个报文段中的每一个也都被确认了，则拥塞窗口再增加两个MSS；当拥塞窗口达到 n 倍MSS的时候，如果发送的 n 个报文段也都被及时确认的话，则拥塞窗口再增加 n 个MSS所对应的字节数。实际上，每一批被确认的报文段都会使拥塞窗口加倍。拥塞窗口一直呈指数增长，直至发生超时，或者达到接收窗口的大小。如果一定大小的突发数据，比如说1024B、2048B和4096B都被正常地传送过去，8192B的突发数据却发生了超时，那么拥塞窗口就应该被设为4096B以避免拥塞。

以上是慢开始算法，从中我们可以发现它实际上一点也不慢。慢开始的“慢”，是指在发送方开始发送数据时设置的cwnd很小，即起点低，以至于向网络中注入的分组数大大减少。这对控制网络拥塞是一个非常有力的措施。

在实际应用中，慢开始算法往往还未等到出现超时就已停止使用，而改用拥塞避免算法。因此，TCP连接还需要设置另一个状态参数ssthresh，即慢开始门限。它的用法如下：①当cwnd＜ssthresh时，使用上述的慢开始算法。②当cwnd＞ssthresh时，停止使用慢开始算法而改用拥塞避免算法。③当cwnd=ssthresh时，使用慢开始算法，或者拥塞避免算法。

2. 拥塞避免算法

拥塞避免算法的原理是使发送方的拥塞窗口每经过一个往返时延RTT就增加一个MSS的大小（而不管在时间RTT内收到了几个ACK）。这样，cwdn就会按线性规律缓慢增长，比慢开始算法中的拥塞窗口的增长速率要缓慢得多。

无论在慢开始阶段还是在拥塞避免阶段，只要发送方发现网络出现拥塞（其根据就是没有按时收到ACK或是收到了重复的ACK），就会将ssthresh设置为出现拥塞时的发送窗口值的一半（但不能小于2个MSS）。这样设置的考虑是，既然出现了网络拥塞，就要减少向网络注入的分组数，然后将cwnd重新设置为一个MSS，并执行慢开始算法。这样做的目的是迅速减少主机注入网络中的分组数，使得发生拥塞的路由器有足够的时间把队列中积压的分组处理完毕。

3. 快重传算法

快重传算法规定，发送方只要连续接收到3个重复的ACK即可断定有分组丢失了，就应立即重传丢失的报文段，而不必继续等待为该报文段设置的重传计时器的超时。

4. 快恢复算法

快恢复算法的具体步骤：①当发送方收到连续三个重复的ACK时，则重新设置ssthresh。这一点和慢开始算法是一样的。②与慢开始算法不同的是拥塞窗口cwnd不是被设置成一个MSS，而是设置为ssthresh+3 × MSS，这样做是因为如果发送方收到三个重复的ACK，就表明有三个分组已经离开了网络，它们不会再消耗网络资源。这三个分组已经停留在接收方的缓存中（从接收方发送出三个重复的ACK就可知道）。可见，现在网络中并不是堆积了而是减少了三个分组，因此，将拥塞窗口扩大些并不会加剧网络的拥塞。③若收到重复的ACK为n个（$n>3$），则设置cwnd为ssthresh+n × MSS。④若发送窗口值还允许发送报文段，就按拥塞避免算法继续发送报文段。⑤若收到了确认新的报文段的ACK，就将cwnd缩小到ssthresh。

在采用快恢复算法时，慢开始算法只有在TCP连接建立时才使用。实践证明，采用这样的流量控制方法将使得TCP的性能有明显的改进。

二、TCP连接管理

（一）TCP连接建立

尽管TCP/IP的网络层提供的是一种面向无连接的IP数据报服务，但传输层的TCP旨在向TCP/IP的应用层提供一种端到端的面向连接的可靠的数据流服务。TCP常用于一次传输要交换大量报文的情形，如文件传输、远程登录等。

为了实现这种端到端的可靠传输，TCP必须规定传输层的连接建立与拆除的方式、数据传输格式、确认的方式以及差错控制和流量控制机制等。与所有网络协议类似，TCP将自己所需要实现的功能集中体现在了TCP的协议数据单元中。

TCP是面向连接的协议，传输之前两端点之间要建立连接，传输结束则关闭这一连接。TCP连接的特点：①两端点之间点对点的连接，不支持一点对多点的传输和广播。②全双工连接，支持双向传输，允许端点在任何时间发送数据，TCP能够在两个方向上缓冲输入和输出的数据。③采用客户—服务器模式，主动发起连接请求的进程为客户，被动等待连接建立的进程为服务器。④连接的端点是用二元组（IP地址，端口号）来标识，而一个连接则由本地和远程的一对端点，用一个四元组（本地IP地址，本地端口号，远程IP地址，远程端口号）来标识，它是唯一的。

（二）TCP连接释放

1. 正常连接释放

TCP的连接是全双工的，可以在两个不同方向上进行数据的独立传输。当主机A的数据发送完毕时，TCP将单向地关闭这个连接。此后TCP就拒绝在该方向上传输数据。但在相反方向上，连接尚未关闭，主机B还可以继续发送数据，主机A继续接收并进行确认。这种状态称为半关闭状态。

TCP使用四次报文段来关闭连接，如图6–1所示。

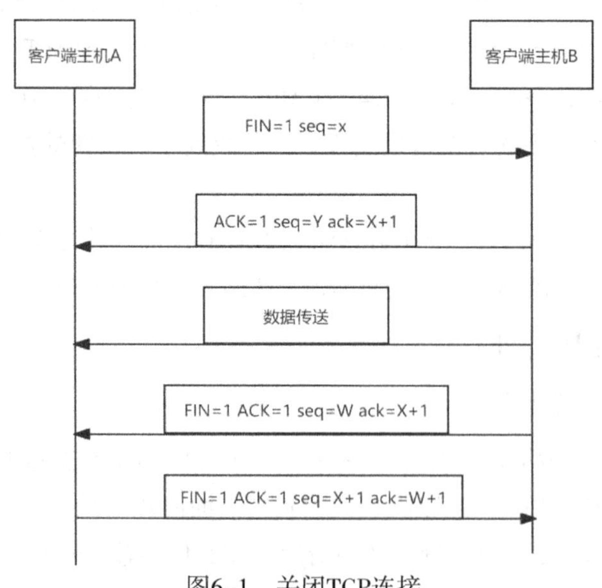

图6–1　关闭TCP连接

关闭TCP连接的具体过程。

（1）主机A关闭A端口1到B端口2的连接

①应用程序发完数据，通知TCP关闭连接。

②TCP收到对最后数据的确认后，发送一个FIN报文段，FIN=1，seq=X，X为A发送数据的最后字节的序号加1。虽然是关闭连接，报文段的交换中也要使用序号。

（2）主机B响应

①TCP对A的FIN报文段进行确认，ACK=1，确认序号ack=X+1，发送序列号seq=Y。

②通知本端的应用程序A方传输已结束。

此时，A到B方向上的传输连接已关闭，TCP拒绝在该方向上传输数据，但在相反方向上，连接尚未关闭，主机B还可以继续发送数据。连接处于半关闭状态。

（3）主机B关闭B端口2到A端口1的连接

①应用程序发完数据，通知TCP关闭连接。

②TCP收到对最后数据的确认后，发送一个FIN报文段，FIN=1，seq=W，W为B发送数据的最后字节的序号加1。ACK=1，ack=X+1。

（4）主机A响应

①TCP对B的FIN报文段进行确认，ACK=1，确认序号ack=W+1，发送序列号seq=X+1。

②通知本端的应用程序B方传输已结束。

2. 复位 TCP 连接

前面所讲述的是应用程序传输完数据之后关闭连接的过程，这是正常情况下友好地（Grace-fully）关闭连接。但有时也会出现异常情况，不得不中途突然关闭连接。TCP为这种异常的关闭操作提供了复位措施，即撤销当前连接。发生复位有三种情况：①一端的TCP请求连接到并不存在的端口，另一端的TCP可以发送一个复位报文段，来取消这个请求。②一端的TCP出现了异常情况。它可以发送复位报文段，来关闭这个连接。③一端的TCP发现另一端的TCP已经空闲了很长时间，它可以发送复位报文段，来撤销这个连接。

发送方发送复位报文段后，接收方对复位报文段的反应是立即退出连接。TCP要将出现了连接复位操作的情况通知给应用程序，则连接双方立即停止传输并释放这一传输所占用的缓冲区等资源。异常的复位可能会丢失发送的数据。

第七章　计算机网络信息安全技术

第一节　防火墙技术

一、防火墙概述

（一）防火墙的定义

顾名思义，防火墙是一种隔离设备。防火墙是一种高级访问控制设备，是置于不同网络安全域之间的一系列部件的组合。它是不同网络安全域之间通信流的唯一通道，能根据用户设置的安全策略控制进出网络的访问行为。

从专业角度讲，防火墙是位于两个或多个网络之间，实施网络访问控制的组件集合。从用户角度讲，防火墙就是被放置在用户计算机与外网之间的防御体系，从外部网络发往用户计算机的所有数据都要经过其判断处理后才能决定是否将数据交给计算机，一旦发现数据异常或有害，防火墙就会将数据拦截，从而实现对计算机的保护。

防火墙是网络安全策略的组成部分，它只是一个保护装置，通过检测和控制网络之间的信息交换与访问行为来实现对网络安全的有效管理，其主要目的就是保护内部网络的安全。

防火墙是在两个网络通信时执行的一种访问控制工具，它允许用户"同意"的人和数据进入用户的网络，同时将用户"不同意"的人和数据拒之门外，最大限度地阻止网络中的黑客来访问用户的网络。

（二）防火墙的特性和功能

1. 防火墙的特性

防火墙是保障网络安全的一个系统或一组系统，用于加强网络间的访问控制，防止外部用户非法使用内部网络的资源，保护内部网络的设备不被破坏，防止内部网络的敏感数据被窃取。防火墙具备以下三个基本特性。

（1）内部网络和外部网络之间的所有网络数据流都必须经过防火墙

这是防火墙所处网络位置特性，同时也是一个重要前提。因为只有当防火墙是内外部网络之间通信的唯一通道时，才可以全面、有效地保护企业内部网络不受侵害。根据美国国家安全局制定的《信息保障技术框架》，防火墙适用于用户网络系统的边界，属于用户网络边界的安全保护设备。网络边界即采用不同安全策略的两个网络的连接处，如用户网络和因特网之间的连接、用户网络和其他业务往来单位的网络连接、用户内部网络不同部门之间的连接等。防火墙的目的就是在网络连接之间建立一个安全控制点，通过允许、拒绝或重新定向经过防火墙的数据流，实现对进出内部网络的服务和访问的审计与控制。

（2）只有符合安全策略的数据流才能通过防火墙

防火墙最基本的功能是确保网络流量的合法性，并在此前提下将网络的流量快速地从一条链路转发到另外的链路上。原始的防火墙是一台“双穴主机”，即具备两个网络接口同时拥有两个网络层地址。防火墙将网络上的流量通过相应的网络接口进行接收，按照OSI协议栈的七层结构顺序上传，在适当的协议层进行访问规则和安全审查，然后将符合通过条件的报文从相应的网络接口送出，而对于那些不符合通过条件的报文则予以阻断。因此，从这个角度上来说，防火墙是一个类似于桥接或路由器的、多端口的（网络接口≥2）转发设备，它跨接于多个分隔的物理网段之间，并在报文转发过程中完成对报文的审查工作。

（3）防火墙自身具有非常强的抗攻击能力

这是防火墙之所以能担负企业内部网络安全防护重任的先决条件。防火墙处于网络边缘，就像一个边界卫士一样，每时每刻都要面对黑客的入侵，这就要求防火墙自身具有非常强的抗击入侵能力。之所以具有这么强的功能，防火墙操作系统本身是关键，只有自身具有完整信任关系的操作系统才可以保证系统的安全性。同时，防火墙自身具有非常低的服务层次，除了专门的防火墙嵌入系统外，再没有其他应用程序在防火墙上运行。

2. 防火墙的功能

笼统地说，防火墙具备以下六个方面的功能。

（1）阻止易受攻击的服务进入内部网

一个防火墙（作为阻塞点、控制点）能极大地提高一个内部网络的安全性，并通过过滤不安全的服务而降低风险。由于只有经过精心选择的应用协议才能通过防火墙，网络环境变得更安全。例如，防火墙可以禁止诸如不安全的NFS协议进出受保护的网络，外部的攻击者就不可能利用这些脆弱的协议来攻击内部网络。防火墙同时可以保护网络免受基于路由的攻击，如IP选项中的源路由攻击和ICMP重定向中的重定向路径。防火墙可以拒绝所有以上类型攻击的报文并通知管理员。

（2）集中安全管理

通过以防火墙为中心的安全方案配置，能将所有安全机制（如口令、加密、身份认证和审计等）配置在防火墙上。与将网络安全问题分散到各个主机上相比，防火墙的集中安全管理更经济。例如，在访问网络时，一次一密口令（OTP）系统和其他的身份认证系统完全可以不必分散在各个主机上，而是集中在防火墙上。

（3）对网络存取和访问进行监控审计

如果所有的访问都经过防火墙，那么防火墙就能记录下这些访问并作出日志记录，同时也能提供网络使用情况的统计数据。当发生可疑动作时，防火墙会进行适当的报警，并提供网络是否受到探测和攻击的详细信息。另外，收集一个网络的正常使用和误用情况是非常重要的，而网络使用统计对网络需求分析和威胁分析等而言也是非常重要的。

（4）检测扫描计算机的企图

防火墙还可以检测到端口扫描。当计算机被扫描时，防火墙会发出警告，通过禁止连接来阻止攻击，跟踪和报告进行扫描攻击的计算机IP地址。

（5）防范特洛伊木马

特洛伊木马企图在计算机上打开TCP/IP端口，然后连接到外部计算机与黑客进行通信。用户可以指定一个合法通过防火墙的应用程序列表，任何不在列表中的木马程序进行外部通信连接时都会被拒绝。

（6）防病毒功能

现在的防火墙支持防病毒功能，通过扫描电子邮件附件、FTP下载的文件内容，防止或减少病毒入侵。从HTTP页面剥离Java Applet、ActiveX等小程序，从Script代码中检测出危险代码或病毒，并向用户报警。

除了安全作用外，防火墙还支持具有因特网服务特性的企业内部网络技术体系VPN。通过VPN，将企事业单位分布在全世界各地的LAN或专用子网有机地连成一个整体，不仅省去了专用通信线路，而且为信息共享提供了技术保障。

（三）防火墙的局限性

通常，人们认为防火墙可以保护处于它身后的网络不受外界的侵袭和干扰。但随着网络技术的发展，网络结构日趋复杂，传统防火墙在使用的过程中有以下四个缺点：①在传统的防火墙工作时，入侵者可以通过伪造数据绕过防火墙或找到防火墙中可能开启的后门。②防火墙不能防止来自网络内部的袭击。通过调查发现，有一半以上的攻击来自网络内部，对于那些故意泄露企业机密的员工来说，防火墙形同虚设。③由于防火墙性能上的限制，它通常不具备实时监控入侵行为的能力。④防火墙不能防御所有新的威胁。防火墙仅仅是一种被动的防护手段，只能用来防备已知的威胁，无法检测和防御最新的拒绝服务攻击及蠕虫病毒的攻击。

正因为如此，认为在因特网入口处设置防火墙系统就足以保护企业网络安全的想法就显得力不从心了。当然，也正是这些因素引起了人们对入侵检测技术的研究及开发。入侵检测系统（IDS）可以弥补防火墙的不足，为网络提供实时的监控，并且在发现入侵的初期采取相应的防护手段。IDS作为必要的附加手段，已经被大多数组织机构的安全构架接受。

二、防火墙产品的技术及实现

（一）包过滤防火墙

1. 包过滤防火墙简介

包过滤防火墙是一种通用、廉价、有效的安全手段。包过滤防火墙不针对各个具体的网络服务采取特殊的处理方式，大多数路由器提供分组过滤功能，能够很大程度地满足企业的安全要求。

包过滤防火墙的依据是分包传输技术。网络上的数据都是以包为单位进行传输的，数据被分割成一定大小的包，每个包分为包头和数据两部分，包头中含有源地址和目的地址等信息。路由器从包头中读取目的地址并选择一条物理线路发送出去，当所有的包抵达后会在目的地重新组装还原。

包过滤防火墙一般由屏蔽路由器（Screening Router，也被称为过滤路由器）

来实现，这种路由器在普通路由器的基础上加入IP过滤功能，是防火墙最基本的构件。

包过滤防火墙对收到的每一数据包作许可或拒绝决定。路由器对每一条数据报文进行检查以决定它是否与包过滤规则中的某一条相匹配。包过滤规则基于可用于IP转发过程的数据包报头信息，该信息包括IP源地址、IP目标地址、封装协议（TCP，UDP，ICMP或IP隧道）、TCP/UDP源端口、TCP/UDP目标端口、ICMP消息类型、数据包的输入接口、数据包的输出接口。如果数据包与包过滤规则中的某一条相匹配且包过滤规则允许数据包通过，则按照路由表中的信息转发数据包。如果数据包与包过滤规则中的某一条相匹配但包过滤规则拒绝数据包通过，则丢弃该数据包。如果数据包与包过滤规则没有匹配项，用户配置的默认参数就会决定对该数据包进行转发还是丢弃。

2. 包过滤防火墙的优缺点

（1）包过滤防火墙的优点

包过滤防火墙具有明显的优点。

①一个屏蔽路由器能保护整个网络。一个恰当配置的屏蔽路由器连接内部网络与外部网络，进行数据包过滤，就可以取得较好的网络安全效果。

②包过滤防火墙对用户透明。包过滤防火墙不要求任何客户机配置，当屏蔽路由器决定让数据包通过时，它与普通路由器没什么区别，用户感觉不到它的存在。较强的透明度是包过滤防火墙的一大优势。

③屏蔽路由器速度快、效率高。屏蔽路由器只检查包头信息，一般不查看数据部分，而且某些核心部分是由专用硬件实现的，故其转发速度快、效率高，通常作为网络安全的第一道防线。

（2）包过滤防火墙的缺点

包过滤防火墙的缺点也是很明显的，具体有以下三点。

①存在安全漏洞。定义过滤路由器是一个复杂的任务，因为网络管理员需要对各种网络服务、数据包报头格式以及报头中每个字段特定的取值进行透彻的理解。如果要求过滤路由器支持复杂的过滤要求，过滤规则集就会变得很长、很复杂，使得它难以管理和理解，最后没有方法对配置到路由器以后的包过滤规则的正确性进行验证，从而遗留安全漏洞。

②不支持应用层协议。假如内网用户提出这样一个需求，只允许内网员工

访问外网的网页（使用HTTP协议），不允许去外网下载电影（一般使用P2P协议），包过滤防火墙在这时就无能为力，因为它不认识数据包中的应用层协议，访问控制粒度太粗糙。

③对网络系统管理员要求较高。路由器中过滤规则的设置和配置十分复杂，涉及规则的逻辑一致性、作用端口的有效性和规则集的正确性，一般的网络系统管理员难以胜任，加之一旦出现新的协议，管理员就需要加上更多的规则去限制，这往往会带来很多错误。

另外，一般随着过滤器数目的增加，通过路由器的数据包的数目将会减少。路由器从每个数据包中提取目标IP地址时可被优化，以简化路由表查询，然后将数据包转发到正确的接口上去传输。如果路由器执行过滤规则，那么它不仅需对每一个数据包作出转发决定，而且需应用所有过滤规则，这将消耗CPU时间且影响系统的性能。IP数据包过滤器无法对业务流进行完全控制，数据包过滤路由器能允许或拒绝特定的服务，但不能理解特定服务的上下文内容和数据。网络管理者需要在应用层对业务流进行过滤，以便限制对可用的FTP或Telnet命令子集的访问，或阻止邮件和指定内容的新闻的进入。这种类型的控制由代理服务和应用层网关在更高层上进行更好的执行。

（二）应用代理防火墙

在实际应用中，要想抵挡一些特殊的报文攻击，如果仅仅使用包过滤的方法并不能消除危害，因此需要一种更全面的防火墙保护技术。于是，采用“应用代理”（Application Proxy）技术的防火墙就诞生了。

1. 代理服务器简介

代理服务器（Proxy Server）是指代表内网用户向外网服务器进行连接请求的服务程序。代理服务器运行在两个网络之间，它对于客户机来说像是一台真正的服务器，而对于外网的服务器来说，它又是一台客户机。

代理服务器的基本工作过程：当客户机需要使用外网服务器上的数据时，首先将请求发送给代理服务器，代理服务器再根据这一请求向服务器索取数据，然后由代理服务器将数据传输给客户机。

也就是说，代理服务器通常运行在两个网络之间，是客户机和真实服务器之间的中介，代理服务器彻底隔断内部网络与外部网络的“直接”通信，内部网络的客户机对外部网络的服务器的访问，变成了代理服务器对外部网络的服务器的访问，然后由代理服务器转发给内部网络的客户机。代理服务器对内部网络的客户机来说，像是一台服务器；而对于外部网络的服务器来说，又像是一台客户机。

如果在一台代理设备的服务器端和客户端之间连接一个过滤措施，就成了“应用代理”防火墙，这种防火墙实际上就是一台小型的带有数据“检测、过滤”功能的透明代理服务器，但是并不是单纯地在一个代理设备中嵌入包过滤技术，而是嵌入一种被称为“应用协议分析”的技术。所以，人们也经常把代理防火墙称为代理服务器、应用网关。它工作在应用层，适用于某些特定的服务，如HTTP、FIP等。

代理防火墙体现的是另一种风格的防火墙设计。它没有使用通用的安全机制和安全规则描述，而是具有很强的针对性和专用性，可以对特定的应用服务在内部网络内外的使用实施有效控制。通过代理防火墙，内部网络中的用户名被防火墙中的名字取代，增加了攻击者寻找攻击对象的难度。而且，应用级代理可以对过去的操作进行检查和控制，禁止不安全的行为，日志、记录也更加简洁有用。此外，代理防火墙不仅提供报文过滤，还可以对传输时间、带宽等进行控制，因此从应用的角度来看更安全、更有效。

2. 应用代理防火墙的优缺点

（1）应用代理防火墙的优点

应用代理防火墙具有以下六个方面的优点。

①应用代理易于配置。因为代理是一个软件，所以比过滤路由器容易配置。如果代理实现得好，可以对配置协议要求较低，从而避免了配置错误。

②应用代理能生成各项记录。因为代理在应用层检查各项数据，所以可以按一定准则，让代理生成各项日志、记录。这些日志、记录对于流量分析、安全检验来说，是十分重要和宝贵的。

③应用代理能灵活、完全地控制进出信息。通过采取一定的措施，按照一定的规则，可以借助代理实现一整套的安全策略，控制进出信息。

④应用代理能过滤数据内容。可以把一些过滤规则应用于代理，让它在应用层实现过滤功能。

⑤应用代理能为用户提供透明的加密机制。应用代理能够实现加解密的功

能，从而确保数据的机密性，这点在虚拟专用网中特别重要。

⑥应用代理可以方便地与其他安全手段集成。目前的安全问题解决方案有很多，如认证（authentication）、授权（authori-zation）、账号（accounting）、数据加密、安全协议（SSL）等。如果将应用代理与这些手段联合使用，将大大增加网络的安全性。

（2）应用代理防火墙的缺点

应用代理防火墙具有以下五个方面的缺点。

①代理速度较路由器慢。路由器只是简单检查TCP/IP报头特定的几个域，不作详细分析、记录。而代理工作在应用层，要检查数据包的内容，按特定的应用协议（如HTTP）审查、扫描数据包内容，然后进行代理（转发请求或响应），速度较慢。

②代理对用户不透明。许多代理要求用户安装特定客户端软件，这给用户增加了不透明度。安装和配置特定的应用程序既耗费时间，又容易出错。

③对于不同的服务，应用代理可能要求配置不同的服务器。需要为不同的协议设置一个不同的代理服务器，挑选、安装和配置所有这些不同的服务器是一项繁重的工作。

④应用代理服务通常要求对客户或过程进行限制。除了一些为代理而设置的服务外，代理服务器要求对客户或过程进行限制，每一种限制都有不足之处，人们无法按照自己的步骤工作。由于这些限制，代理应用就不能像非代理应用那样灵活运用。

⑤应用代理服务受协议弱点的限制。每个应用层协议，或多或少都存在一些安全隐患。对于一个代理服务器来说，要彻底避免这些安全隐患几乎是不可能的，除非关掉这些服务。

3. 应用代理防火墙的分类

代理服务器工作在应用层，针对不同的应用协议，需要建立不同的服务代理。按代理服务器的用途进行如下分类。

（1）HTTP代理

目前，各种园区网络都大量地使用代理服务器（proxy），而且各种HTTP客户程序都透明地支持代理方案。使用代理的另一个好处是代理服务器能够将获得的信息进行缓存，从而改善客户的执行效率，并降低网络带宽的使用。

（2）POP代理

POP对于代理系统来说是很简单的，因为它采用单个连接。但由于POP协议及其实现的缺陷，最好不要允许用户经因特网来传输内部网络站点上的邮件，除非不用输入口令就能完成连接，并且不关心邮件的保密问题或者另有加密措施。另外，如果有的用户用POP从其他站点下载邮件，最好也限制从特定站点来的连接或使其连接到内部网络的特定主机。

（3）Telnet代理

Telnet是网络中最常用的服务之一，也是最危险的服务之一，尤其是外部网络向内部网络的远程登录。目前，几乎所有的商用代理软件包都包含了Telnet代理，使用改进过的登录进程对外来的Telnet呼叫进行鉴别，然后将其转到目标主机。如果需要通过Telnet传输保密信息，可以考虑使用Telnet的加密版本。

（4）其他代理

FTP代理：代理客户机上的FTP软件访问FTP服务器，端口一般为21、2121。

SSL代理：支持最高128位加密强度的HTTP代理，可以作为访问加密网站的代理。加密网站是指以https：//开始的网站。SSL的标准端口为443。

HTTP CONNECT代理：允许用户建立TCP连接到任何端口的代理服务器，这种代理不仅可用于HTTP，还包括FTP、IRC、RM流服务等。

Socks代理：全能代理，支持多种协议，包括HTTP、FTP请求及其他类型的请求，标准端口为1080等。

除了上述常用的代理，还有各种各样的应用代理：文献代理、教育网代理、跳板代理、Ssso代理、Flat代理、SofE代理等。

（三）状态检测防火墙

1. 状态检测防火墙简介

基于状态检测技术的防火墙是由CheckPoint软件技术有限公司率先提出的，也被称为动态包过滤防火墙。基于状态检测技术的防火墙通过一个在网关处执行网络安全策略的检测引擎而获得非常好的安全特性。检测引擎在不影响网络正常运行的前提下，通过抽取有关数据的方法对网络通信的各层实施检测。检测引擎维护一个动态的状态信息表，并对后续的数据包进行检查，一旦发现某个连接的参数有意外变化，则立即将其终止。

状态检测防火墙监视和跟踪每个有效连接的状态，并根据这些信息决定是否允许网络数据包通过防火墙。它在协议栈底层截取数据包，然后分析这些数据包的当前状态，并将其与前一时刻相应的状态信息进行对比，从而得到对该数据包的控制信息。

检测引擎支持多种协议和应用程序，并可以方便地实现应用和服务的扩充。当用户访问请求到达网关操作系统前，检测引擎通过状态监视器收集有关状态信息，结合网络配置和安全规则做出接纳、拒绝、身份认证和报警等处理动作。一旦有某个访问违反了安全规则，该访问就会被拒绝，检测引擎记录并报告有关状态信息。

状态检测防火墙试图跟踪通过防火墙的网络连接和数据包，这样防火墙就可以使用一组附加的标准，以确定是否允许和拒绝通信。

在包过滤防火墙中，所有数据包都被认为是孤立存在的，不关心数据包的历史和未来，数据包的允许和拒绝的决定完全取决于包自身所包含的信息，如源地址、目的地址和端口号等。状态检测防火墙跟踪的则不仅仅是数据包所包含的信息，还包括数据包的状态信息。为了跟踪数据包的状态，状态检测防火墙记录有用的信息以帮助识别包，如已有的网络连接、数据的传出请求等。

状态检测技术采用的是一种基于连接的状态检测机制，将属于同一连接的所有包作为一个整体的数据流看待，构成连接状态表，通过规则表与状态表的配合，对表中的各个连接状态因素加以识别。

2. 状态检测技术跟踪连接状态的方式

状态检测技术跟踪连接状态的方式取决于数据包的协议类型。

（1）TCP包

当建立起一个TCP连接时，通过的第一个包被标记上包的SYN标志。通常情况下，防火墙丢弃所有外部的连接企图，除非已经建立起某条特定规则来处理它们。对内部主机试图连接到外部主机的数据包，防火墙标记该连接包，允许响应及随后在两个系统之间的数据包通过，直到连接结束为止。在这种方式下，传入的包只有在它响应一个已经建立的连接时，才被允许通过。

（2）UDP包

UDP包比TCP包简单，因为它们不包含任何连接或序列信息。它们只包含源地址、目的地址、校验和携带的数据。这种信息的缺乏使得防火墙确定包的合法性很困难，因为没有打开的连接可以测试传输的包是否应被允许通过。如果防火墙跟踪包的状态，那么就可以确定它的合法性。对传入的包，若它所使用的地址和UDP包携带的协议与传出的连接请求匹配，该包就被允许通过。与TCP包一样，没有传入的UDP包会被允许通过，除非它响应传出的请求或已经制定了规则来处理它。对其他类型的包，情况与UDP包类似。防火墙仔细地跟踪传出的请求，记录下所使用的地址、协议和包的类型，然后对照保存过的信息核对传入的包，以确保这些包是被请求的。

3. 状态检测防火墙的特点

状态检测防火墙结合了包过滤防火墙和代理防火墙的优点，克服了两者的不足，能够根据协议、端口以及源地址和目的地址等信息决定数据包是否被允许通过。状态检测防火墙具有以下四个方面的优点。

（1）高安全性

状态检测防火墙工作在数据链路层和网络层之间。因为数据链路层是网卡工作的真正位置，网络层是协议栈的第一层，所以防火墙就能确保截取和检查通过网络的所有原始数据包。

（2）高效性

状态检测防火墙工作在协议栈较低层，通过防火墙的数据包都在低层处理，不需要协议栈上层处理任何数据包，这样就减少了高层协议的开销，使执行效率提高了很多。

（3）可伸缩性和易扩展性

状态检测防火墙不像代理防火墙那样，每个应用对应一个服务程序，这样所能提供的服务是有限的。状态检测防火墙不区分具体的应用，只是根据从数据包中提取的信息、对应的安全策略及过滤规则处理数据包。当有一个新的应用时，它能动态地产生新规则，而不用另写代码。

（4）应用范围广

状态检测防火墙不仅支持基于TCP的应用，还支持无连接的应用，如RPC和UDP的应用。对无连接协议，包过滤防火墙和应用代理防火墙要么不支持，要么开放一个大范围的UDP端口，这样就会暴露内部网，降低安全性。

在带来高安全性的同时，状态检测技术也存在着不足，主要体现在对大量状态信息的处理过程可能会造成网络连接的某种迟滞，特别是许多连接被同时激活时，或者有大量的过滤网络通信规则存在时。不过，随着硬件处理能力的不断提高，这个问题会变得越来越不重要。

三、防火墙的体系结构

（一）堡垒主机体系结构

堡垒主机体系结构在某些地方也被称为筛选路由器体系结构。堡垒主机是内部网在因特网上的代表。堡垒主机是任何外来访问者都可以连接、访问的。通过该堡垒主机，防火墙内的系统可以对外操作，外部网用户也可以获取防火墙内的服务。

堡垒主机是一种被强化的可以防御攻击的计算机，被暴露于因特网之上，作为进入内部网络的一个检查点（check point），帮助实现把整个网络的安全问题集中在某个主机上解决的目标。正是由于这个原因，防火墙的建造者和防火墙的管理者应尽力给予其保护，特别是在防火墙的安装和初始化的过程中应予以仔细保护。

设计和建立堡垒主机的基本原则有两条：最简化原则和预防原则。

最简化原则。堡垒主机越简单，对它进行保护就越方便。堡垒主机提供的任何网络服务都有可能因为软件存在缺陷或在配置上的错误，而出现安全保障问题。在构建堡垒主机时，应该提供尽可能少的网络服务。因此，在满足基本需求的条件下，在堡垒主机上配置的服务必须最少，同时对必须设置的服务给予尽可能低的权限。

预防原则。尽管已对堡垒主机严加保护，但它还有可能被入侵者破坏。只有对最坏的情况加以准备，并设计好相应的对策，才可有备无患。对网络的其他部分施加保护时，也应考虑到“堡垒主机被攻破怎么办”这一问题。强调这一点的原因非常简单，就是因为堡垒主机是外部网最直接访问的机器。由于外部网与内部网无直接连接，堡垒主机是试图破坏内部系统的入侵者首先攻击到的机器。要尽量保障堡垒主机不被破坏，但同时又得时刻预防“它一旦被攻破怎么办”这一情况。

即使堡垒主机被破坏，也得尽力让内部网仍处于安全保障之中。要做到这一点，必须让内部网只有在堡垒主机正常工作时才信任它。日常要仔细观察堡垒主机提供给内部网的服务，并依据这些服务的内容确定这些服务的可信度及拥有的权限。

另外，还有很多方法可用来加强内部网的安全性。例如，可以在内部网主机上操作控制机制（设置口令、鉴别设备等），或者在内部网与堡垒主机间设置包过滤。

（二）双宿主主机体系结构

双宿主主机的防火墙系统由一台装有两个网卡的堡垒主机构成。两个网卡分别与外部网及内部网相连。堡垒主机上运行防火墙软件，可以转发数据、提供服务等。堡垒主机将防止在外部网络和内部系统之间建立任何直接的连接，可以确保数据包不能直接从外部网络到达内部网络。

双宿主主机有两个接口，具有以下特点：①两个端口之间不能进行直接的IP数据包的转发。②防火墙内部的系统可以与双宿主主机进行通信，同时防火墙外部的系统也可以与双宿主主机进行通信，但二者之间不能直接进行通信。

这种体系结构的优点是结构非常简单，易于实现，并且具有高度的安全性，可以完全阻止内部网络与外部网络的通信。

这种主机还可以充当与之相连的若干网络之间的路由器。它能将一个网络的IP数据包在无安全控制下传递给另外一个网络。但是，在将一台双宿主主机安装到防火墙结构中时，首先要使双宿主主机的这种路由功能失效。从一个外部网络（如因特网）来的数据包不能无条件地传递给另外一个网络（如内部网络）。双宿主主机的内外网络均可与双宿主主机实施通信，但内外网络之间不可直接通信，内外部网络之间的IP数据流被双宿主主机完全切断。

双宿主主机可以提供很严格的网络控制机制。如果安全规则不允许数据包在内外部网之间直传，而又发现内部网有一个对应的外部数据源，这就说明系统的安全机制有问题了。在有些情况下，如果一个申请者的数据类型与外部网提供的某种服务不相符合时，双宿主主机可以否决申请者要求的与外部网络的连接。同样情况下，用包过滤系统做到这种控制是非常困难的。

双宿主主机的实现方案有以下两种：①应用层数据共享，即用户直接登录到双宿主主机。②应用层代理服务，即在双宿主主机上运行代理服务器。

双宿主主机只有用代理服务的方式，或者让用户直接注册到双宿主主机上才能提供安全控制服务，但在堡垒主机上设置用户账户会产生很大的安全问题。因为用户的行为是不可预知的，如双宿主主机上有很多用户账户，这会给入侵检测带来很大的麻烦。另外，这种结构要求用户必须每次都在双宿主主机上注册，这样会使用户感到使用不方便。采用代理服务的方式安全性较好，可以将被保护的网络内部结构屏蔽起来，堡垒主机还能维护系统日志或远程日志。但是应用级网关需要针对每一个特定的因特网服务安装相应的代理服务软件，用户不能使用未被服务器支持的服务，以免导致某些网络服务无法找到代理，或不能完全按照要求提供全部安全服务。同时，堡垒主机是入侵者致力攻击的目标，一旦被攻破，防火墙就完全失效了。

（三）屏蔽主机体系结构

双宿主主机体系结构是由一台同时连接在内外部网络之间的双宿主主机提供安全保障的，而屏蔽主机体系结构则不同，为屏蔽主机体系结构提供安全保护的主机仅仅与内部网相连。另外，主机过滤还有一台单独的过滤路由器。过滤路由器避免用户直接与代理服务器相连。

这种结构的堡垒主机位于内部网络，而过滤路由器按以下规则过滤数据包：任何外部网（如因特网）的主机都只能与内部网的堡垒主机建立连接，甚至只有提供某些类型服务的外部网主机才被允许与堡垒主机建立连接。任何外部系统对内部网络的操作都必须经过堡垒主机，同时堡垒主机本身就要求有较全面的安全维护。包过滤系统也允许堡垒主机与外部网进行一些“可以接受（符合站点的安全规则）”的连接。屏蔽主机防火墙转发数据包的过程如下。

过滤路由器可按以下规则之一进行配置：①允许其他内部主机（非堡垒主机）为某些类型的服务请求与外部网建立直接连接；②不允许所有来自内部主机的直接连接。

当然，可以对不同的服务请求混合使用这些配置，有些服务请求可以被允许直接进行包过滤，而有些则必须在代理后才能进行包过滤，这主要是由所需要的安全规则确定的。

例如，对于入站连接，根据安全策略，屏蔽路由器可以允许某种服务的数据包先到达堡垒主机，然后与内部主机连接；也可以直接禁止某种服务的数据包入站连接。对于出站连接，根据安全策略，对于一些服务（如Telnet），可以允许它直接通过屏蔽路由器连接到外部网络，而不通过堡垒主机；至于其他服务（如WWW和SMTP等），必须经过堡垒主机才能连接到因特网，并在堡垒主机上运行该服务的代理服务器。

由于屏蔽主机体系结构允许数据包从外部网络直接传送给内部网，这种结构的安全性能看起来似乎比双宿主主机体系结构差。而在双宿主主机体系结构中，外部的数据包理论上不可能直接抵达内部网。但实际上，双宿主主机体系结构也会出错，而让外部网的数据包直接抵达内部网（这种错误的产生是随机的，故无法在预先确定的安全规则中加以防范）。另外，在一台路由器上施加保护比在一台主机上施加保护容易得多。一般来讲，屏蔽主机体系结构比双宿主主机体系结构能提供更好的安全保护，同时也更具可操作性。

当然，同其他体系结构相比，这种体系结构的防火墙也有一些缺点。一个主要的缺点是，只要入侵者设法通过了堡垒主机，那么对入侵者来讲，整个内部网与堡垒主机之间就再也没有任何障碍了。路由器的保护也会有类似的缺陷，若入侵者闯过路由器，那么整个内部网便会完全暴露在入侵者面前，正因为如此，屏蔽子网体系结构的防火墙更受青睐。

第二节 计算机入侵检测

一、计算机入侵检测技术概述

（一）入侵检测的定义

入侵检测（Intrusion Detection，ID），是指通过对计算机网络或计算机系统中的若干关键点进行信息收集并对其进行分析，如审计记录、安全日志、用户行为与网络数据包等，确定计算机或网络系统中是否存在违反安全策略的行为或遭到攻击的迹象。违反安全策略的行为主要包括入侵和误用。其中，入侵是指非法用户的违规行为，这种行为通常是主动发起的；误用是指合法用户的违规行为，这种行为可能是主动的，也可能是被动的。入侵检测是网络安全审计的核心技术之一，也是网络安全防护的重要组成部分。

入侵检测系统（IDS）是指用于发现计算机或网络系统中存在入侵行为的软硬件系统。入侵检测系统可以检测入侵行为并及时报警，为网络管理员采取应急措施提供依据，弥补被动式网络安全机制（如防火墙）的不足。入侵检测系统的功能主要包括：①监控和分析用户行为及系统活动，主要通过查看主机日志与侦听数据包实现；②发现入侵行为或异常现象，主要通过监控进出主机或网络的数据流，以及评估系统关键资源与数据的完整性实现；③记录攻击行为并报警，同时采取必要的响应措施。

（二）入侵检测系统的特点和分类

目前，IDS的标准化工作主要由IETF来完成。入侵检测系统是指用于检测任何损害或企图损害系统的保密性、完整性或可用性的行为的一种软硬件系统。由于网络环境和系统安全策略的差异，入侵检测系统在具体实现上也有所不同。

1. 入侵检测系统的特点

一个成功的入侵检测系统至少要满足以下五个主要功能要求。

（1）实时性要求

如果攻击或攻击的企图能够尽早被发现，那么就有可能查找出攻击者的位置，阻止进一步的攻击活动，把破坏控制在最小限度，并能够记录下攻击者攻击过程的全部网络活动，作为证据进行回放。实时入侵检测可以避免在常规情况下，管理员通过对系统日志进行审计的方式来查找入侵者或入侵行为线索时的种种不便与技术上的限制。

（2）可扩展性要求

因为存在成千上万种不同的已知和未知的攻击手段，它们的攻击行为特征也各不相同，所以必须建立一种机制，把入侵检测系统的体系结构与使用策略区分开。一个已经建立的入侵检测系统必须能够保证在新的攻击类型出现时，在无须对入侵检测系统本身进行改动的情况下，通过某种机制检测到新的攻击行为。在入侵检测系统的整体功能设计上，也必须建立一种可以扩展的结构，以便系统结构本身能够适应未来可能出现的扩展要求。

（3）适应性要求

入侵检测系统必须能够适用多种不同的环境（如高速大容量计算机网络环境），并且在系统环境发生改变（如增加环境中的计算机系统数量、改变计算机系统类型）时，依然能够正常工作。适应性也包括入侵检测系统本身对其宿主平台的适应性，即跨平台工作的能力，适应其宿主平台软硬件配置的各种不同情况。

（4）安全性与可用性要求

入侵检测系统必须尽可能地完善与健壮，不能向其宿主计算机系统及其所属的计算机环境中引入新的安全问题及安全隐患。在设计和实际应用中，入侵检测系统应当有针对性地考虑几种可以预见的、对应其类型与工作原理的攻击威胁，并找到抵御方法，以确保自身的安全性与可用性。

（5）有效性要求

入侵检测系统必须是切实有效的，即能够将攻击事件的错报与漏报控制在一定范围内。

2. 入侵检测系统的分类

（1）基于主机的入侵检测系统

基于主机的入侵检测系统通常安装在需要重点检测的主机上，主要是对该主机的网络实时连接及系统审计日志进行智能分析和判断。

由于基于主机的入侵检测系统必须安装在需要保护的设备上，这必定降低该设备的工作效率。另外，全面部署主机入侵检测系统代价较大，任何企业都无法将所有主机用主机入侵检测系统加以保护，只能选择其中的一部分。此时，那些未安装主机入侵检测系统的机器将成为保护的盲点，入侵者可利用这些机器达到攻击目标。因此，随着网络使用的频繁程度越来越高，基于主机的入侵检测系统将无法适应这种局面，它只能作为网络入侵检测的一个有力补充。

（2）基于网络的入侵检测系统

NIDS在混杂模式下监视网段中传输的各种数据包，并对这些数据包的内容、源地址、目的地址等进行分析和检测。如果发现入侵行为或可疑事件，入侵检测系统就会发出警报，甚至切断网络连接。它通常安装在比较重要的网段，或是容易出问题的网段，利用网络侦听技术，通过对网络上的数据流进行捕捉、分析，判断是否存在入侵。它以网络上传输的信息包为主要研究对象，保护网络的运行。

基于网络的IDS成本低，只需要在网络的关键点进行部署即可，对那些基于协议入侵的行为有很好的防范作用，并且对攻击进行实时响应，而与主机操作系统无关。但是随着网络上传送的数据包的日益庞大，对每个数据包进行捕获分析已经不太现实了，这将严重增加系统的负荷，丢包现象将逐渐增多，从而影响NIDS的性能。

基于对上述两种IDS的分析，分布式入侵检测系统已经是现在和将来入侵检测系统应用发展的必然趋势。

（3）分布式入侵检测系统

典型的DIDS是管理端/传感器结构。NIDS作为传感器放置在网络的各个地方，并向中央管理平台汇报情况。攻击日志定时地被传送到管理平台并保存在中央数据库中，新的攻击特征库能被发送到各个传感器上。每个传感器能根据所在网络的实际需要配置不同的规则集，报警信息能被发到管理平台的消息系统，用各种方式通知IDS管理员。

对DIDS来说，传感器可以使用NIDS或HIDS，也可以同时使用；传感器有的工作在混杂模式，有的工作在非混杂模式。然而无论什么情况，DIDS都有一个显著的特征，即分布在网络不同位置的传感器都向中央管理平台传送报警和日志信息。

二、计算机入侵检测系统的建构

入侵检测系统（IDS）与系统扫描器不同。系统扫描器是根据攻击特征数据库来扫描系统漏洞的，它更关注配置上的漏洞而不是当前进出主机的流量。在遭受攻击的主机上，即使正在运行着扫描程序，也无法识别这种攻击。IDS扫描当前网络的活动，监视和记录网络的流量，根据定义好的规则来过滤从主机网卡到网线上的流量，提供实时报警。系统扫描器检测主机上先前设置的漏洞，而IDS监视和记录网络流量。如果在同一台主机上运行IDS和系统扫描器，配置合理的IDS会发出许多报警。建构入侵检测系统必须要厘清其组成与结构，根据检测所需设置数据来源、分析方法与体系结构等，选择适当的系统模型，或者加以改进，才能达到最好的检测效果。

（一）计算机入侵检测系统的性能指标

1. 事件数量

考察IDS系统的一个关键性指标是报警事件的多少。一般而言，事件越多，表明IDS系统处理的能力越强。目前的IDS系统都具有2000个以上的事件分析产生能力。但随着时间的推移，事件的数量并非越多越好，因为过于陈旧的非法事件在现实的网络和系统环境中已经不存在了，其攻击方法自然就没有任何意义，而且还会占用系统的处理时间和空间。因此，严格地说，应该是当前能够使用的非法事件越多越好。一般而言，这个数量应该与系统流行的漏洞数目相关。

2. 通信安全性

作为分布式结构的IDS系统，通信是其自身安全的关键因素。通信安全通过身份认证和数据加密两种方法来实现。

身份认证是要保证一个引擎，或者子控制中心只能由固定的上级进行控制，任何非法的控制行为都将被阻止。

一般而言，身份认证采用非对称加密算法，通过对方的公钥进行加密、解密，从而完成身份认证。

经过双方两个回合的相互认证，完成了相互的唯一身份认证。在目前已有的IDS产品中，为了防止密钥文件被复制，系统定期地让用户更新密钥或让用户选择加密算法，从而提高系统的身份认证的安全性和可靠性。

数据的加密传输一般使用对称加密算法，在完成身份认证后，利用相对简单的加密算法进行大量的数据交换，这里的关键在于密钥的保密性。系统一般都使用动态密钥，并且在一段时间内自动进行密钥更换。对目前的IDS系统而言，数据加密已经是系统必备的功能。

3. 事件定义

IDS系统产生事件的方式可以分为程序执行和解释执行两种。程序执行方式是把匹配规则写入程序中，一个事件或一类事件对应一个子程序，每次增加或修改事件，都需要增加或修改程序。解释执行方式是先把事件通过逻辑表达式体现出来，然后程序读入并解释执行这些逻辑规则，判断出网络数据中的事件，当增加或修改事件时，只要修改事件定义文件即可。

显然，解释执行方式因为不修改程序就可以增加修改网络事件，所以能够满足快速变化的IDS的需求。同时，由于不需要随时修改程序，大大提高了系统的可靠性。但是，因为统一的表达方式难以执行，解释执行方式又必须具有高速和精练的匹配算法，所以大多数商用系统采用的是部分用户定义事件，系统主体仍然是程序执行方式，事件升级通过DLL动态连接库等方式完成。

事件的可定义性或可定义事件是IDS的一个主要特性。目前，大多数商用IDS系统都提供可定义事件，但很少提供事件的可定义性。

可定义事件可以让用户自己定义某些事件，如RealSecure允许用户自己定义一些HTTP的某些事件，但内部的大多数事件并不是自行定义的。而事件的可定义性允许用户定义系统的所有事件，也就是系统的事件是用描述语言定义的，目前只有Snort和启明星辰的IDS系统支持这种技术。

显而易见，有可定义事件的系统，比没有可定义事件的系统灵活，而事件的可定义性比可定义事件的性能更好。

4. 事件响应

当IDS系统产生了一个事件后，不仅是由报告显示该事件，还可以进行一系列操作对该事件进行实时处理。按照处理方法的不同，一般分为基本（被动）响应和积极（主动）响应两种。

（1）基本响应

基本响应是IDS所产生的响应，只是为了更好地通知安全人员，并不对该网络行为进行自动的阻断。基本响应的形式主要有事件上报、事件日志、E-mail通知、手机短信息、呼机信息、Windows消息、Snmp发送、会话重现、语音报警等。

总之，系统应当采用更多、更直接、更快速、更有效的方式，把监测到的网络非法事件通知给管理人员。

（2）积极响应

积极响应也称主动响应，是指IDS系统在事件发生后自动地阻止该事件，使该事件无法继续进行。目前，所有的IDS系统都具有此项功能，只不过功能上有强弱差别。积极响应的形式有TCP阻断、源阻断、防火墙联动等。

5. 自身安全

作为安全设备，其本身的安全性也是一个主要的考虑因素。作为一个网络设备，尤其是目前的IDS系统都运行在一个流行的操作系统上，其本身的安全性能就显得格外重要。一般而言，自身安全指的是探测引擎的安全性，因为引擎是直接连接在被探测的网络上的，而控制中心可以在内部网络中。

（1）隐蔽性

作为一个安全的网络设备，IDS不希望被网络上的其他系统发现，尤其不能让其他网络系统访问。因此，首先要对探测引擎的系统进行安全设置，关闭所有可能的端口，阻止一切可能的侵入。其次是修改系统的设置，阻止一切没有必要的网络行为，如Ping回答报文、TCP拒绝连接报文等正常的回应行为。最后是关闭所有网络行为，进行无IP地址抓包，使网络上根本不存在一个IDS的网络地址，针对IDS软件所在系统的直接攻击行为也就不会存在。

（2）定制操作系统

目前商用的网络IDS系统一般运行于Linux和NT下。在NT下无法定制操作系统。但在Linux下，由于Linux的开放性，可以对Linux进行特殊的修改和配置，成为专用的操作系统，不仅可以提高IDS系统的安全性，也可以提高系统的速度和可靠性。例如，IDS系统一般有两个网络接口：一个用于抓包，一个用于通信。

对通信的网络接口而言，有可能受到来自内部网络的攻击。仅仅依靠安全设置，无法彻底关闭如ICMP报文、TCP的RST报文等正常的应答报文，必须经过Linux的内核重新编译配置，才能满足安全的需求。

6. 终端安全

控制中心虽然处于网络安全地区，但也可能受到非法网络行为的攻击，尤其是各种数据和控制运行方式全部由控制中心制定。因此，应当保证控制中心足够安全。

目前，对控制中心的安全保证措施主要是访问权限的控制，设置多个用户、多个级别的控制中心，不同的用户应当有不同的权限，从而保证控制中心的安全性。但一般而言，系统不会划分过多的用户级别，以免操作过于烦琐，但至少应当有两个操作级别：查看级别和设置级别。

7. 事件分析

事件分析也是IDS领域的一个重要研究课题，目前还没有突破性的成果。IDS系统上报的各种事件，从本质上说都是一个个的可疑动作。非法行为的确定是比较复杂的，可疑动作一般不能直接确定非法行为，但一个非法行为一定包含在众多的可疑动作之中，如何分析和找到真正的非法行为者，是非常困难的。应当考虑以下几个特性：①不是每个事件都是入侵事件。有些网络的正常应用（特别是内网环境）也会符合事件特征。②不是每个事件都会产生攻击效果，攻击的成功依赖于目标系统环境。③有些事件只是一种攻击尝试。④分析事件可以帮助管理员监测网络中的违法访问、攻击和企图攻击行为。⑤通过对事件的分析进行漏洞修补，预防黑客对网络上主机的非法访问和攻击，以帮助管理员更好地维护网络的稳定运行。

目前的分析方法主要是基于统计的事件分析方法，统计事件发生的频率和不同事件间的数量关系。例如，一次口令失败是一个正常事件，不需要上报控制中心，但连续的十次口令失败，且其源地址、目的地址都是一样的，则可以肯定是一次口令猜测攻击行为。再如，Finge命令后很快使用Telnet命令登录，且两个事件的地址及用户名完全一样，则可以肯定是一种攻击行为：先用Finger探测用户名称，然后用Telnet命令试图登录该用户账户。

（二）计算机入侵检测系统的结构

IDS在结构上可划分为数据收集和数据分析两部分。

1. 数据收集机制

数据收集机制在IDS中占据着举足轻重的地位。如果收集的数据时延较大，检测就会失去作用；如果数据不完整，系统的检测能力就会下降；如果由于错误或入侵者的行为致使收集的数据不正确，IDS就会无法检测出某些入侵，给用户以安全的假象。

（1）分布式和集中式数据收集机制

分布式数据收集：检测系统收集的数据来自一些固定位置而且与受监视的网元数量无关。

集中式数据收集：检测系统收集的数据来自一些与受监视的网元数量有一定比例关系的位置。

集中式和分布式数据收集机制的区别通常是衡量IDS数据收集能力的标志，它们几乎以相同的比例应用于当前的IDS产品中。据专家预言，分布式数据收集机制在若干年后将会占有优势。

（2）直接监控和间接监控

如果IDS从它所监控的对象处直接获得数据，则为直接监控；反之，如果IDS依赖一个单独的进程或工具获得数据，则为间接监控。

就检测入侵行为而言，直接监控要优于间接监控。由于直接监控操作的复杂性，目前的IDS产品中只有不足20%使用了直接监控机制。

（3）基于主机的数据收集和基于网络的数据收集

基于主机的数据收集是从所监控的主机上获取数据；基于网络的数据收集是通过被监视网络中的数据流获取数据。

总体而言，基于主机的数据收集要优于基于网络的数据收集。

（4）外部探测器和内部探测器

外部探测器是负责监测主机中某个组件（硬件或软件）的软件。它向IDS提供所需的数据，这些操作是通过独立于系统的其他代码来实施的。

内部探测器是负责监测主机中某个组件（硬件或软件）的软件。它向IDS提供所需的数据，这些操作是通过该组件的代码来实施的。

外部探测器和内部探测器在用于数据收集时各有利弊，可以综合使用。由于内部探测器操作起来的难度较大，在现有的IDS产品中，只有很少一部分采用它。

2. 数据分析机制

根据IDS如何处理数据，可以将IDS分为分布式IDS和集中式IDS。①分布式IDS：在一些与受监视组件相应的位置对数据进行分析的IDS。②集中式IDS：在一些固定且不受监视组件数量限制的位置对数据进行分析的IDS。

需要注意的是，这些定义基于受监视组件的数量而不是主机的数量。所以，如果在系统的不同组件中进行数据分析，除了安装集中式IDS外，也有可能在一个主机中安装有分布式数据分析的IDS。分布式IDS和集中式IDS都可以使用基于主机、基于网络或两者兼备的数据收集方式。

三、分布式入侵检测的优势

分布式入侵检测由于采用了非集中式的系统结构和处理方式，相对于传统的单机IDS具有一些明显的优势。

（一）检测大范围的攻击行为

传统的基于主机的入侵检测系统只能通过检查系统日志和审计记录来对单个主机的行为或状态进行检测，即使是采用网络数据源的入侵检测系统，也仅在单个网段内有效。对于一些针对多主机、多网段和多管理域的攻击行为，如大范围的脆弱性扫描或拒绝服务攻击，传统的入侵检测由于不能在检测系统之间实现信息交互，通常无法完成准确和高效的检测任务。

分布式入侵检测通过各个检测组件之间的相互协作，可以有效克服这一缺陷。

（二）提高检测的准确度

不同的入侵检测数据源反映的是系统不同位置、不同角度、不同层次的运行特性，可以是系统日志、审计记录或网络数据包等。传统的入侵检测系统为了简化检测过程和算法复杂度，通常采用单一类型的数据源。这虽然可以提高系统的检测效率，但是也导致了检测系统输入数据的不完备。另外，检测引擎如果采用单一的算法进行数据分析，同样可能导致分析结果不准确。

分布式入侵检测系统的各个检测组件针对的是不同的数据来源，可以是网络数据包、主机审计记录、系统日志，也可以是特定应用程序的日志，甚至还可以是一些通过人工方式输入的审计数据。各个检测组件所使用的检测算法也不是固定的，有模式匹配、状态分析、统计分析和量化分析等，可以分别应用于不同的检测组件。通过对各个组件报告的入侵或异常特征进行分析，系统可以得出更为准确的判断结果。

（三）提高检测效率

分布式入侵检测实现了针对安全审计数据的分布式存储和分布式计算，相对于单机数据分析的入侵检测系统来说，它不再依赖系统中唯一的计算资源和存储资源，可以有效地提高系统的检测效率，减少入侵发现时间。

（四）协调响应措施

由于分布式入侵检测系统的各个检测组件分布于受监控网络的各个位置，一旦系统检测到攻击行为，可以根据攻击数据包在网络中经过的物理路径采取相应的措施，如封锁攻击方的网络通路、入侵来源追踪等。即使攻击者使用网络跳转的方式隐藏真实的IP地址，在检测系统的监控范围内通过对事件数据进行相关分析和聚合，仍然有可能追查到攻击者的真实来源。

第八章　电子信息技术应用——以水利信息化为例

第一节　水利信息化系统的配套保障技术

一、水利信息化安全体系设计

（一）设计思想及原则

建立完整有效的水利信息化安全体系，首先应该有一个科学的、整体的、适合目标环境的设计思想作为整个体系建设的理论依据和指导思想，以确保整个体系的先进性和有效性。水利系统的安全体系建设目前处于起步阶段，需要确立符合水利系统业务特点和网络状况的设计思想及原则，并且具有充分的前瞻性和可行性，以保证体系建设的可扩展性、可持续性以及投资的有效性和最终目标的达成。

从建设进度、经费和性能等多个因素考虑，安全体系需分期建设，近期工程主要从物理安全、网络安全和应用安全以及系统可靠性四个方面进行重点安全设计。而系统平台安全和通信安全在远期工程中设计。

近期工程安全设计内容：①设计保障系统运行安全的各种措施，如防病毒措施、冗余措施（范围涉及线路、数据、路由、关键设备等）、备份与恢复措施（关键数据除采取本地备份措施外，还应建立异地备份系统）；②设计各种主动防范措施，如入侵防御系统；③设计审计系统，以便于事后备查取证；④考虑到安全的动态性，要采用漏洞分析工具不断地对系统进行漏洞检查、安全分析、风险评估，以及安全加固和漏洞修补等；⑤设计物理安全措施，如冗余电源、防雷击、机房安全设计等。

远期工程安全设计内容：①建立全系统安全认证平台，更好地支持广域范围应用认证的CA系统。②建立完善的安全保障体系，即以可信计算平台为核心，从应用操作、共享服务和网络通信三个环节进行安全设计。例如，对移动用户、重要用户、关键设备的系统进行加固，在骨干线路上配置VPN以及保护移动用户和重要用户安全通信的IPSec客户端，保护重要区域的安全隔离与信息交换系统，并在授权管理的安全管理中心以及可信配置的密码管理中心的支撑下，来保证整个系统具有很高程度的安全性。③完善近期已有的安全措施，如更大范围的审计系统、主机入侵检测系统、异地业务连续性系统等。

同时，水利信息化安全体系设计过程中应遵循以下原则：①风险与代价相平衡原则；②主动与被动相结合原则；③部分与整体相协调原则；④一致性原则；⑤层次性原则；⑥依从性原则；⑦易操作性原则；⑧灵活性原则。

（二）安全管理体系

1. 安全策略

安全策略包括各种法律法规、规章制度、技术标准、管理规范和其他安全保障措施等，是信息安全的最核心问题，是整个信息安全建设的依据。安全策略用于帮助建立水利信息化系统的安全规则，即根据安全需求、安全威胁来源和组织机构来定义安全对象、安全状态及应对方法。安全策略通常分为三种类型：总体策略、专项策略和系统策略。

总体策略为机构的安全确定总体目标（方向），并为其实现分配资源。此策略通常由机构的高级管理人员（如CIO）制定，用来规定机构的安全流程和管理执行机构，主要包括：①确定安全流程、涉及的范围和部门；②将安全职责分配到对应的执行部门（如网络安全/管理部门），并规定与其他相关部门的关系；③规范/管理机构范围内安全策略的一致性。

专项策略通常针对一项业务（服务）制定，规定当前信息安全特定方面的目标、适用条件、角色、负责人以及策略的一致性要求。例如，针对电子邮件系统、互联网浏览等制定的安全策略。

系统策略是针对某个具体的系统（包含涉及的硬件、软件，人员等）而制定的安全策略，主要包含：①安全对象；②不同安全对象的安全规则；③实现的技术手段。

安全策略目前主要作为规定、指南，通过文件方式在全系统范围内发布。在水利信息化系统这样的大型系统内，由于有关的策略变动、系统变动频繁，要求对安全策略进行计算机化管理。

2. 安全组织

全系统使用一个安全运行中心（SOC），为全网范围提供策略制定和管理、事件监控、响应支持等后台运行服务。同时，通过SOC对全系统的安全部件进行集中配置和管理，处理安全事件，对安全事件实施应急响应。

安全运行中心由以下三个子中心构成。

（1）安全策略管理中心

安全策略管理中心制定全系统的安全策略，并负责维护策略的版本信息。

（2）安全事件管理中心

安全事件管理中心提供全系统安全事件的集中监控服务。它与网络运行中心（NOC）使用同一个事件系统，但专注于与安全相关的事件的监控。

安全事件管理中心进行实时的安全监控，并且将安全事件备份到后台的关系数据库中，以备查询和生成安全运行报告。

安全事件管理中心可根据安全策略设置不同事件的处理策略。例如，可将关键系统的特定安全事件升级为事故，并自动收集相关信息，生成事故通知单（Trouble Ticket），进入事故处理系统，也可生成本地的安全运行报告。

（3）安全事件应急响应中心

安全事件应急响应中心提供全系统安全事故的集中处理服务。它与NOC使用同一个事故处理系统，但专注于安全事故的处理。

安全事件应急响应中心接收从事件监视系统发来的事故通知单以及手工生成的事故通知单，并对事故通知单的处理过程进行管理。

安全事件应急响应中心将所有事故信息存入后台关系数据库，并可生成运行事故报告。

3. 安全运作

安全系统是由安全策略管理、策略执行、事件监控、响应和支持、安全审计五个子系统构成的一个有机的安全保证和运行体系。

（1）安全策略管理

安全策略是水利信息化系统安全建设的指导原则、配置规则和检查依据。安全系统的建设主要依据水利信息化系统统一的安全策略管理。

（2）策略执行

通过采购、安装、布控、集成开发防火墙系统、入侵防御系统、弱点漏洞分析系统、内容监控与取证系统、病毒防护系统、内部安全系统、身份认证系统、存储备份系统等，执行安全策略的要求，保证系统的安全。

（3）事件监控

集中收集安全系统、服务器和网络设备记录及报告的安全事件，实时审计、分析整个系统中的安全事件，对确定的安全事件进行报告和通知。

（4）响应和支持

对安全事件进行自动响应和支持处理，包含事件通知、事件处理过程管理、事件历史管理等。

（5）安全审计

对整个系统的安全漏洞进行定期分析报告和修补；定期检查审计安全日志；对关键的服务器系统和数据进行完整性检查。

（三）安全技术体系

安全技术体系主要从系统可靠性和系统安全性两个方面进行建设。系统可靠性主要通过数据、线路、路由、设备的冗余设计，软件可靠性设计，雷电防护和断电措施设计来保证；系统安全性主要从防黑客攻击和安全认证角度进行了网络安全与应用安全设计。

1. 可靠性设计

为了保证系统的可靠运行，主要考虑数据、信道、设备、路由、防雷、接地和电源等因素，具体设计如下。

（1）数据可靠性

数据可靠性主要包括数据本地备份、数据异地备份和数据传输的可靠性三个方面。为了保证所有测站的观测数据能够被正确自动地重传，需要配置固态存储器。针对各种数据库，采用数据库备份软件来实现数据的备份，并实现历史数据的导出转储，因此网络中心配置大容量磁带库进行数据库的本地备份。

在某市水利信息化系统中，数据存储架构为集中与分散的架构。从数据存储的架构来看，分中心的数据与测站的数据互为备份，市水利局网络中心的数据与市水利局直属异地办公单位的数据互为备份。此数据架构保证在某地出现意外情况时，数据能够被恢复，实现了数据的异地备份。

采集系统发送方在数据发送的过程中，遇到网络问题等造成通信中断时，要保留没有正确发送的所有数据（本次需要发送的整个数据文件），待系统故障解决后，由系统自动将整个文件重新发往接收方；接收方在接收过程中，遇有网络问题等造成通信中断时，要删除已经接收的部分数据，从而保证接收数据的完整性。

（2）信道可靠性

骨干网络采用光纤专线作为信道，确保信息传输的畅通。测站到中心/分中心的信道采用光纤专线（有视频监控的测站）、VPN（无视频监控的测站）和GSM/CDMA（无线测站）。另外，某市水利局还配备卫星应急指挥车和前端单兵通信设备，保障在应急状态下的信息传输的畅通。

（3）设备可靠性

针对路由器，在网络中心配置两台路由器，主路由器具有双电源、双引擎和模块热插拔等功能；针对服务器，重要的服务器采用双机系统，并采用磁盘阵列增加可靠性；针对安全设备，网络中心的防火墙、入侵防御均为冗余配置；针对采集设备，配置两台数据采集和交换服务器，互为备份。

（4）路由可靠性

在骨干网中，主线路采用OSPF动态路由，备份线路采用静态路由。

（5）雷电防护

测站通信的传感器信号线、电话线、电源线和其他各类连线都应进行屏蔽，并给出抗雷电的措施。

（6）接地

网络中心接地电阻小于1Ω；分中心接地电阻小于5Ω；测站接地电阻小于10Ω。如接地电阻难以达到要求，野外站可视情况稍加放宽，分中心和重要测站则可通过在屋顶安装闭合均压带、在室内安装闭合环形接地母线等措施改进防雷性能。

（7）电源可靠性

目前，各地电源系统均采用双路供电，因此，电源设计应考虑电源电压范围、直流电池防过电和欠压、电源管理等。主要设计内容包括：交流供电线路应安装漏电开关、过压保护；交流稳压器应具有瞬态电压抑制的能力，即抑制谐波的能力；直流电池配备防过电和欠压措施；遥测终端设备具有基于休眠和远程唤醒的电源管理技术；各级机房配置UPS电源。

（8）软件可靠性

应用软件能检测信道和测站设备的工作状态，发现故障时，能自动切换到备用信道上。

（9）其他方面

在设计时应注意各种设备的接口保护、抗电磁干扰和抗雷击保护，并注意电源电压的适应性。

2. 安全性设计

近期工程主要从物理安全、网络安全和应用系统安全三个方面进行安全设计。而系统安全和通信安全要从建设进度、经费、性能等多个方面考虑，在远期工程中进行设计。

（1）物理安全

物理安全是保护计算机网络设备、设施以及其他媒体免遭地震、水灾、火灾等环境事故与人为操作失误和各种计算机犯罪行为导致的破坏。它主要包括三个方面：①环境安全。对系统所在环境的安全保护，如区域保护和灾难保护。水资源管理系统建设在这方面，主要根据国家的相关标准对现有机房条件进行改进。②设备安全。主要包括设备的防盗、防毁、防电磁信息辐射泄漏、防止线路截获、抗电磁干扰及电源保护等。③媒体安全。包括媒体数据的安全及媒体本身的安全。水资源管理系统的建设中有关介质的选择，主要考虑介质的可靠性，充分利用各种存储介质的优点。

显然，为保证信息网络系统的物理安全，除对网络规划和场地、环境等有要求外，还要防止系统信息在空间的扩散。电磁辐射使信息被截获而失密的案例有很多，在理论和技术支持下的验证工作也证实，这种截取距离在几百米甚至上千米的复原显示给计算机系统信息的保密工作带来了极大的危害。为了防止系统中的信息在空间上的扩散，通常是在物理上采取一定的防护措施，来减少或干扰扩散出去的空间信号。

正常的防范措施主要有三个方面：①对主机房及重要信息存储、收发部门进行屏蔽处理，即建设一个具有高效屏蔽功能的屏蔽室，用它来安装运行主要设备，以防止磁鼓、磁带与高辐射设备等信号外泄。为提高屏蔽室的效能，在屏蔽室与外界的各项联系、连接中均要采取相应的隔离措施和设计，如信号线、电话线、空调、消防控制线，以及通风波导、门的关启等。②对本地网、局域网传输线路传输辐射的抑制。由于电缆传输辐射信息的不可避免性，现均采用了光缆传输的方式，且大多数从Modem出来的设备用光电转换接口，用光缆接出屏蔽室外进行传输。③对终端设备辐射的防范。终端机尤其是CRT显示器，由于上万伏高压电子流的作用，辐射有极强的信号外泄，但又因终端分散使用不宜集中采用屏蔽室的办法来防止，故除在订购设备上尽量选取低辐射产品外，主要采取主动式的干扰设备如干扰机来破坏对应信息的窃复。个别重要的首脑或集中的终端也可考虑采用有窗子的装饰性屏蔽室，此方法虽降低了部分屏蔽效能，但可大大改善工作环境，使人感到似在普通机房内工作。

其他物理安全还包括电源供给、传输介质、物理路由、通信手段、电磁干扰屏蔽、避雷方式等安全保护措施建设。

（2）网络安全

网络安全设计实现基本安全的原则，通过在网络上安装防火墙实现用户网络访问控制；通过VLAN划分实现网段隔离；通过网络入侵防御系统实现对黑客攻击的主动防范和及时报警；通过漏洞扫描系统及时发现系统新的漏洞、及时分析评估系统的安全状态，根据评估结果及时调整系统的整体安全防范策略；通过防病毒系统实现病毒防范。综合以上多种安全手段，实现对网络系统的安全管理。

网络中心的安全设计如下：①配置两台千兆防火墙，构成双机热备防火墙系统，提供对外部连接的安全控制。②配置两台千兆入侵防御设备，提供对外部非法入侵的防范。③配置一套漏洞扫描系统，实现对服务器、网络设备系统漏洞的侦测和修正。④配置一台病毒防范服务器，在网络服务器和工作站上配置防病毒客户端软件，实现对网络病毒的防范。⑤配置两台安全监控工作站，实现对网络安全设备的配置及监控。

直属异地办公单位的安全设计如下：①病毒防范，在网络服务器和工作站上安装安全防病毒客户端软件。②配置一台百兆防火墙，提供对外部连接的安全控制。

（3）应用系统安全

在水利信息化系统的各种应用中，用户在对应用平台进行访问时，首先需要通过安全认证。根据分期实施的原则，近期工程主要考虑内部用户访问应用平台的安全认证，即通过在中心设置AAA认证服务器来实现用户的认证、授权和审计；远期工程再建设基于CA的用户集中管理、认证授权系统。因此，近期工程应用系统安全主要考虑主机操作系统安全、数据安全。

主机操作系统作为信息系统安全的最小单元，直接影响信息系统的安全；操作系统安全是信息系统安全的基本条件，是信息系统安全的最终目标之一。主机操作系统的安全是利用安全手段防止操作系统本身被破坏，防止非法用户对计算机资源及信息资源（如软件、硬件、时间、空间、数据、服务等资源）的窃取。操作系统安全的实施将保护计算机硬件、软件和数据，防止人为因素造成的故障和破坏。操作系统的安全维护不是一个静止的过程，几乎所有的操作系统在发布以后都会或多或少地发现一些严重程度不一的漏洞。

结合某市水利信息化系统的应用现状，各种操作系统的安全保障措施包含以下要求：①主机系统安全增强配置。对某市水利信息化系统中的各类主机系统采用配置修改、系统裁剪、服务监管、完整性检测、打补丁等手段来增强主机系统的安全性。②主机系统定制。对Web服务器、DNS服务器、E-mail服务器、FTP服务器、数据库服务器、应用服务器等主机系统，根据各自的应用特点采用参数修改、应用加固、访问控制、功能定制等手段来增强系统的安全性。③部署安全审计系统。定期评估系统的安全状态，及时发现系统的安全漏洞和隐患对安全管理来说极为重要。在网络中心的核心服务器网段部署安全审计系统，使其在预定策略下对系统自动地进行扫描评估，并可通过远端对审计策略进行随时调整。在网管中心控制台上可方便地查阅审计报告，预先解决系统漏洞和隐患，防患于未然。④部署集中日志分析系统。如果系统内部无日志采集分析系统，重要日志信息就会被淹没在大量垃圾信息之中，最终导致根本无法保留日志。因此，需在网络中心部署一套集中日志分析系统，对日志进行筛选、异地（不同主机）安全存储和分析，使得出现的安全问题容易追查、容易定位，通过科学分析提取入侵行为在技术方面的证据。

结合某市水利信息化系统的应用现状，各种数据的安全保障措施如下：①工情、灾情等信息采用加密方式传输，待相关系统接收到数据后，再对数据进行解密、处理，并将其入库。②通过构造运行于不同地域层次的雨水情、工情、旱情、灾情等实时信息的接收与处理设施和软件，实现数据入库前的分类综合、格式转换等，并构造支持数据分布与传输的管理系统，保障系统信息分散冗余存储规则的实现及数据的一致性。

二、水利信息化规范体系设计

为了避免相关单位在水利信息化系统建设中各自为政，没有统一的总体框架和标准体系，形成信息孤岛，给数据的互联互通和共享带来困难，有必要在水利信息化系统全面实施之前，先期开展标准规范建设，统一标准，对实现各系统节点间的互联互通，促进信息交换和共享，具有十分重要的意义。

水利信息化系统的标准体系建设，必须依据水利信息监测、管理与应用的特点，在全面分析现有的相关国际、国家标准和行业标准的基础上，结合水利信息化系统建设现状，识别标准建设方面存在的主要问题与差距，通过业务需求分析，在水利技术标准体系的指导下，在水利信息化标准框架范围内，提出水利信息化系统标准体系的框架设计和主要建设内容，设计出需要补充编制与调整的标准，并对标准体系的建设提供合理性建议。

水利信息化系统标准体系作为“水利信息化标准体系”的组成部分，其主要内容应涵盖水利信息化系统所包含的信息分类和编码标准化、信息采集标准化、信息传输与交换标准化、信息存储标准化、信息处理过程标准化以及设计建设维护的管理等多个方面。

水利信息化系统的数据源包括：基本信息、社会经济动态信息、需水信息、供/用水信息、水情信息、地下水信息、水质与水环境信息、工情信息、旱情与墒情信息、灾情信息、可利用的气象产品信息、管理信息、文本信息（包括超文本语音、视频信息）等，标准体系中要涵盖这些信息的采集、传输、存储、处理、维护和管理等环节的一系列技术标准。

标准化体系要按照“五统一”原则，即“统一指标体系、统一文件格式、统一分类编码、统一信息交换格式、统一名词术语”，对原有标准体系进行扩充和完善。

标准的建设过程需要考虑以下五个因素：①科学性。在标准制定工作中首先要保证科学性，合理地安排制定各个标准，正确处理各个标准的作用和地位。②全面性。充分反映各项业务的需求，将水利信息化所需的标准全面纳入标准体系中。同时要突出重点，优先解决急需的标准工作，逐步对标准体系进行完善，实现全面性。③系统性。将各个标准纳入标准体系，充分考虑各标准之间的区别和联系，将具体的标准安排在标准体系中相应的位置上，形成一个层次合理、结构清楚、关系明确、内容完善的有机整体。④先进性与继承性。充分体现相关技术和标准的发展方向，对于最新的相关国家标准、国际标准和国外先进标准要积极采纳，或者保持与它们的一致性或兼容性，与行业信息化接轨。同时，要根据具体的业务实际考虑现有的大量标准化工作，进行适当的修订。⑤可预见性和可扩充性。由于当前信息技术处于迅速发展阶段，制定标准时既要考虑目前的技术和应用发展水平，也要对未来的发展趋势有所预见，便于以后工作的开展。同时，考虑到目前有些需求还不甚明朗，所编制的标准体系要易于扩充，能够随信息技术、网络通信技术的发展增加相应的模块。

三、水利信息化系统集成设计

（一）设计内容和任务

水利信息化系统是一个大型的信息系统工程项目，需要通过集成设计来统一考虑系统的硬件、软件配置，减少由于部门、系统的划分而造成的硬件、软件重复建设，达到提高系统建设资金使用效益的目的。系统集成包括硬件、数据库、应用软件、系统软件集成方案和设备配置。

系统集成设计的内容和任务：①提出水利信息外网的硬件、数据库、应用软件、系统软件的集成方案和设备配置。②提出水利信息内网的硬件、数据库、应用软件、系统软件的集成方案和设备配置。③提出应用系统集成技术的实现方案。

（二）系统配置原则

以某市为例，系统配置应遵循以下原则：①在某市水利局（中心）和水利局直属异地办公单位，数据库服务器、应用服务器、系统软件等不以部门或应用系统的划分分别配置，而是统一考虑各系统对硬件、系统软件的功能和性能要求进行配置，避免重复建设。②为保证数据服务的可靠性，数据库服务器采用双机系统。③配置高性能应用服务器为各应用系统提供硬件运行环境。④系统软件应为商用软件，符合业界标准。⑤统一配置系统软件（包括数据库、应用支撑平台等），为各应用系统提供软件运行环境。

（三）应用系统集成方式

应用系统集成方式包括：①通过门户系统实现各应用系统的集成。②对于按照新的体系架构开发的系统，直接通过门户系统进行集成。③对于原来的B/S结构应用，可以通过封装的方式将原有应用的页面包含在portlets中，简单容易地集成到门户中。④对于原来的C/S结构应用，需要将原来的表示逻辑和业务处理逻辑分离，而后封装到portlets中，最后集成到门户中。⑤对于不能进行改造（如不能得到源代码），但知道输入、输出数据格式的系统，通过数据集成实现对原有应用的集成，原有系统运行模式不变。⑥对于完全独立的系统，保持原有系统运行模式不变。

（四）应用系统集成技术实现

1. 水利信息化中的应用集成

水利信息化系统是由许多应用系统和数据资源组成的。这些应用系统和数据资源分散于不同的企业部门，并且可能是通过不同的技术实现的。但是，水利信息化中的很多系统，如网上审批系统、决策支持系统、电子公文交换系统等，对应用系统的集成提出了越来越高的要求。只有实现了各个应用系统之间的互联互通，水利信息化才能从根本上发挥其价值。

应用集成所涉及的范围比较广泛，包括函数/方法集成、数据集成、界面集成、业务流程集成等。

2. 用户界面集成

用户界面集成是一个面向用户的整合，它将原先系统的终端窗口和PC的图形界面用一个标准的界面（有代表性的例子是使用浏览器）来替换。一般地，应用程序终端窗口的功能可以一对一地映射到一个基于浏览器的图形用户界面。新的表示层需要与现存的遗留系统的商业逻辑或者一些封装的应用等进行集成。

企业门户应用（Enterprise Portal）也可以被看成是一个复杂界面重组的解决方案。一个企业门户合并了多个水利信息化应用，同时表现为一个可定制的基于浏览器的界面。在这个类型的EAI中，企业门户框架和中间件解决方案是一样的。

3. 数据集成

数据集成发生在企业内的数据库和数据源级别。将数据从一个数据源移植到另外一个数据源，从而完成数据集成。数据集成是现有EAI解决方案中最普遍的一种形式。然而，数据集成的一个最大的问题是商业逻辑常常只存在于主系统中，无法在数据库层次上去响应商业流程的处理，限制了实时处理的能力。

此外，还有一些数据复制和中间件工具可以推动数据在数据源之间的传输，一些是以实时方式工作的，一些是以批处理方式工作的。

4. 业务流程集成

虽然数据集成已经被证明是EAI的一种流行形式，但是从安全性、数据完整性、业务流程角度来看，数据集成仍然存在着很多问题。组织内大量的数据是被商业逻辑所访问和维持的。商业逻辑应用增加了商业规则、业务流程，强化了安全性，而这些对于下层数据都是必需的。

业务流程集成产生于跨越了多个应用的业务流程层。通常情况下，通过使用一些高层的中间件来表现业务流程集成的特征。这类中间件产品的代表是消息中介，消息中介使用总线模式或HUB模式来对消息进行标准化处理并控制信息流。

5. 函数和方法集成

函数和方法集成涵盖了普通的代码（COBOL，C++，Java）撰写、应用程序接口（API）、远端过程调用（RPC）、分布式中间件如TP监控、分布式对象、公共对象访问中介（CORBA）、Java远端方法调用（RMI）、面向消息的中间件以及Web服务等各种软件技术。

面向函数和方法的集成一般来说是处于同步模式的，即基于客户（请求程序）和服务器（响应程序）之间的请求响应交互机制。

在水利信息化方案中，我们综合使用了各种集成技术，并形成了完整的应用集成框架。

6. 基于 ESB 的应用集成

（1）产生背景

随着计算机与网络技术的不断发展以及近几年信息化系统建设的不断进步，很多单位（行政事业单位以及企业）都拥有了不止一套系统。与此同时，业务规则的不断变化，使得越来越多的单位在信息化建设的过程中，不得不加强自己业务的灵活性，同时简化其基础架构，以更好地实现其业务目标。

随着单位系统建设的越来越多，各个系统间数据、业务规则、业务流程的整合成为了用户非常关心的问题。如何通过整合已有系统，使各个系统的综合数据成为决策者的决策依据；如何通过系统整合，建设更加完整的、合理的业务流程；如何通过系统整合，降低工作人员的工作量，提高工作效率。

正是因为存在以上种种的需求，人们开始希望能有一种比较好的解决方案，以满足业务和架构的需求。企业服务总线（Enterprise Service Bus，ESB）的出现令人眼前一亮，它为解决以上种种问题提供了一种完整的设计与实施规范。ESB

以总线为基础，定义了各种功能组件以及一系列的技术规范，从业务和系统架构的角度满足了大多数的需求。

（2）架构设计

系统的总体架构即ESB的组成，主要包括消息的路由、消息的转换、权限的管理以及各种适配器的配置。

消息路由以与实现方式无关的方式，将消息通道中的数据准确地发送到接收端。与实现协议无关，只需针对不同类型的传输方式，建立相应的传输通道即可。

消息转换主要是在消息消费者和消息提供者之间转换数据。

权限模块主要用来进行一些与权限相关的操作，包括授予权限、查看权限。同时，权限模块还需要结合安全模型，进行一定的安全管理。

（3）功能特点

单位内部存在多个需要被整合的系统，各个系统需要以统一、快速的方式集成。被集成的各个系统之间的业务规则会存在一定的变化，并可能引起各个系统间交互数据的格式以及内容发生变化，因此，需要构建敏捷的业务流程，并对交互的数据格式进行统一的、快速的定制。

ESB是一种在松散耦合的服务和应用之间进行集成的标准方式，是在面向服务架构（Service-Oriented Architecture，SOA）中实现服务间智能化集成与管理的中介，ESB是逻辑上与SOA所遵循的基本原则保持一致的服务集成基础架构，它提供了服务管理的方法和在分布式异构环境中进行服务交互的功能。

同时，它也提供了服务的监控、统计、发现等功能。

ESB系统将集成的对象统一到服务，消息的格式在应用服务之间传递时是标准的，这使得直接面向消息的处理方式成为可能。ESB能够在底层支持现有的各种通信协议，使得开发人员对消息的处理可以完全不必考虑底层的传输协议，可以将所有的注意力都集中到消息内容的处理上来。对消息的处理成为ESB的核心，因为消息处理是实现集成服务最简单可行的方式。这也是ESB中企业服务总线功能的体现。

业务和数据的快速集成工作是用ESB来完成的，应用ESB可以实现以下功能：①迅速地挂接基于不同协议传输、使用不同语言开发的系统。②接入的各个系统都以独立的、松散耦合的服务形式存在，具有良好的扩展性和可延续性，遵循服务组件架构（Service Component Architecture，SCA）规范。③数据在各个系统之间，以一种统一的、灵活的、可配置的方式进行交互，遵循服务数据对象（Service Data Objects，SDO）规范。④以用户友好的方式定义和定制各个系统之间的业务流程，并构建敏捷的业务流程，遵循业务流程管理（Business Process Management，BPM）相关规范。⑤提供了一套完整的服务治理解决方案，包括服务对象管理、服务生命周期管理、服务的监控及针对服务访问与响应的统计等。⑥封装多种协议适配器，使开发人员能够透明地与基于不同通信协议和技术架构的系统进行交互。⑦以用户友好的方式，方便地对服务的生命周期进行管理。⑧应用一定的安全策略，保证数据和业务访问的安全性。⑨以用户友好的方式进行服务的注册以及管理。⑩支持多种服务集成方式，如Web服务、适配器等。

第二节　GIS技术在水利信息化中的应用基础

一、GIS概述

（一）地理信息系统的概念

1. 地理信息

地理信息是表征地理系统诸要素的数量、质量、分布特征、相互联系和变化规律的数字、文字、图像和图形等的总称。它是有关地理实体的性质、特征和运动状态的表征等的一切有用的知识，是对地理数据的解释。地理信息中的位置是通过数据进行标示的，这是地理信息区别于其他类型信息的最显著的标志。

2. 信息系统

信息系统是具有数据采集、管理、分析、表达和输出能力的系统，它能够为单一的或有组织的决策过程提供有用的信息。在计算机时代，信息系统的部分或全部由计算机系统支持，人们常常使用计算机收集数据并将数据处理成信息。计算机的使用引发了一场信息革命。目前，计算机已经渗透到各个领域。一个基于计算机的地理信息系统包括计算机硬件、软件、地理数据和用户四大要素。

3. 地理信息系统

地理信息系统（Geographical Information System，GIS）是一门介于地球科学与信息科学之间的交叉学科，是近年来迅速发展起来的新兴技术学科。顾名思义，地理信息系统是处理地理信息的系统。一般来说，GIS可被定义为：用于采集、存储、管理、处理、检索、分析和表达地理空间数据的计算机系统，是分析和处理海量地理数据的通用技术。从GIS的应用角度来看，它可被进一步定义为：由计算机系统、地理数据和用户组成，通过对地理数据的集成、存储、检索、操作和分析，生成并输出各种地理信息，从而为土地利用、资源评价与管理、环境监测、交通运输、经济建设、城市规划以及政府部门行政管理提供新的知识，为工程设计和规划、管理决策服务的综合信息技术。

（二）GIS的功能

不同的地理信息系统，在实践中具有不同的功能。尽管目前商用GIS软件的优缺点各不相同，而且实现这些功能所采用的技术也不一样，但是大多数商用GIS软件包都提供了以下五个方面的功能：数据的获取、数据的编辑、数据的存储、数据的查询与分析以及图形的显示与交互等。

1. 数据采集与输入

数据采集主要用于获取数据，保证地理信息系统数据库中的数据在内容与空间上的完整性、数值逻辑一致性与正确性等。一般而言，地理信息系统数据库的建设要占整个系统建设投资的70%以上。

数据输入是地理信息系统研究的重要内容，它是把现有资料转换为计算机可处理的形式，按照统一的参考坐标系统、统一的编码、统一的标准和结构组织到数据库中的数据处理过程。

目前，可用于地理信息系统数据采集的方法与技术有很多。数据输入子系统包括将现有地图、野外测量数据、航空相片、遥感数据、文本资料等转换成与计算机兼容的数字形式的各种处理转换软件。许多计算机操纵的工具都可以用于输入，如人机交互终端、数字化桌、扫描仪、数字摄影测量仪器、磁带机、CD-ROM和磁盘机等。针对不同的仪器设备，系统应配置相应的软件，并保证将得到的数据规范化后送入地理数据库中。

2. 数据编辑

数据编辑是指对地理信息系统中的空间数据和属性数据进行数据组织、修改等。针对数据的不同，数据编辑可分为空间数据编辑和属性数据编辑。其中，空间数据编辑是GIS的特色，是利用地理信息系统软件工具，对现有的已采集到的空间数据进行处理和再加工的过程。通过各种渠道、运用各种手段采集而来的数据，在建立空间数据库和应用分析以前，都需要按照系统设计要求进行数据组织，然后进行修改。

现在的地理信息系统都具有很强的图形编辑功能，图形编辑包括：矢量数据编辑和栅格数据编辑。矢量数据编辑包括：图形编辑、属性检查与编辑、拓扑关系检查与编辑、注记和符号编辑等。栅格数据编辑用于处理以栅格结构表示的数据，如数据高程模型（DEM）数据、卫星影像、航空影像、数字栅格地图等。在进行地图数字化时，普遍采用扫描矢量化方式。如果扫描图的质量不是很好，那么要对扫描所得的影像进行预处理，以提高矢量化的效率和影像的质量。

3. 数据存储管理

数据存储管理是建立地理信息系统数据库的关键步骤，涉及空间数据和属性数据的组织。数据存储和数据库管理涉及地理元素（地物的点、线、面）的位置、空间关系以及数据的组织方式，这些数据的存储与管理有利于计算机的处理和系统用户的理解。用于组织数据库的计算机程序被称为数据库管理系统（DBMS）。数据模型决定了数据库管理系统的类型。目前，通用数据库一般采用层次模型、网状模型和关系模型。最近，一些扩展的关系数据库管理系统（如Oracle等）增加了空间数据类型，可以用于管理GIS的图形和属性数据。

4. 空间查询与分析

空间查询是地理信息系统以及许多其他自动化地理数据处理系统应具备的最基本的功能。空间分析是地理信息系统的核心功能，也是地理信息系统与其他计算机系统的根本区别。模型分析是在地理信息系统支持下，分析和解决现实世界中与空间相关的问题，是地理信息系统应用深化的重要标志。

虽然数据库管理系统一般提供了数据库查询语言，如SQL语言，但是对于GIS而言，需要对通用数据库的查询语言进行补充或重新设计，使之支持空间查询。在人们的日常生活中，有关衣食住行等许多实际问题，都与地理信息系统的应用密切相关。例如，某个商场在哪里？这个商场距离居住地有多远？走哪一条路才能以最短的距离到达该商场？在某一城市中，居住用地、城市绿地、水域的面积各是多少？这些问题的查询是CIS所特有的。所以，一个功能强大的GIS软件，应该设计一些空间查询语言，以满足常见的空间查询的需求。

空间分析是比空间查询更深层的应用，内容更加广泛，包含地形分析、土地适应性分析、网络分析、叠加分析、缓冲区分析和决策分析等。随着GIS应用范围的扩大，GIS软件的空间分析功能将不断增加。

就一般空间查询而言，用户可以就某个地物或区域本身的直接信息进行双向查询，即根据图形查询相应的属性信息。反之，可以按照属性信息，查找相对应的地理目标。除此之外，适当地变换方法，还可以从GIS目标之间的空间关系中获得新的派生信息和知识，从而回答有关空间关系的问题和进行空间分析。基本的查询与空间分析操作主要包括拓扑空间查询、拓扑叠加分析、缓冲区分析等。

5. 数据显示与输出

地理信息系统的可视化表现，就是将已经获取的各种地理空间数据，经过空间可视化模型的计算机分析，转换成可以被人们的视觉感知的计算机二维（或三维）图形和图像。地理空间数据包括图形、图像和属性信息，还包括与地理对象有关的音频、视频、动画等多媒体信息。这些存储于计算机中的空间地理数据是看不见、摸不着的东西，而人们在日常生活和交往中，早已习惯运用图形、照片、表格等方式来表达各种地理要素的空间分布和关系。因此，地图是空间地理数据可视化表现最常见的形式。

随着计算机技术、信息技术和网络技术的发展，空间地理数据可视化的表现方法和模式也正在日新月异地改变。除了二维的静态地图表示以外，还出现了动态三维表现、图形数据和多媒体数据混合表现、网上地图和多媒体信息浏览以及虚拟现实技术等。

地理信息系统为用户提供了许多用于地理数据表现的工具，其形式既可以是计算机屏幕显示，也可以是诸如报告、表格、地图等硬拷贝图件。在这里，尤其要强调的是地理信息系统的地图输出功能。一个好的地理信息系统应能提供一种良好的、交互式的制图环境，以便地理信息系统的使用者能够设计和制作出高质量的地图。

二、GIS技术在水利工程信息化中的应用

（一）GIS技术在水利工程信息化中的应用价值

1. 提高水利工程决策业务的合理性

在水利部门开展水利工程的决策业务时，GIS技术所具备的信息采集与信息管理两项功能可以为这项业务活动的开展提供更加客观、准确的信息数据。决策业务是保证水利工程整体建设质量的重要基础条件，如果在决策环节存在错误和问题，就会在极大程度上影响整个水利工程项目的建设质量。就目前的实际情况来看，很多水利部门依然采用传统的决策方式，并不能为新时代水利工程建设提

供有效的帮助，应当积极引入GIS技术，构建相应的信息管理系统，以便项目决策人员获取更加准确、全面的数据信息，从而制定更加行之有效的决策方案，保证整个水利工程建设工作的高效率、高质量实施。

2. 促进各部门与各单位之间的协调运作

水利工程项目涉及多个部门和多个单位，不同部门和单位所负责的工作内容有所不同，为保证整个工程项目的管理质量，需要明确划分各部门与各单位的工作任务和责任。基于此，为获得更理想的水利工程管理效果，需要对各部门和各单位之间的工作任务进行有效协调，保证各项工作落到实处且高质量完成。与此同时，要促进各部门与各单位之间的协调运作，为各部门与各单位搭建一个通畅沟通的渠道，即在水利工程信息化中应用GIS技术，实现各项工作任务的无纸化操作。然后，借助统一的通信系统平台，让各部门、各单位的人员都能够参与到水利工程项目管理工作中，共同监督和检查工作业务是否合理、规范执行。

3. 提高水资源的管理效果

水利工程建造的根本目的在于，实现区域内水资源的合理分配，提高水资源的使用效率，尽可能地满足本地居民生产生活的用水需求。然而，就现阶段我国水资源的利用情况来看，由于涉及的项目繁多，引发了较为严重的水资源污染、水资源分配量不足等现象，这就导致水资源管理已经成为目前影响我国社会经济发展的一个重大难题。因此，我国相关政府部门一直非常重视水资源管理工作，期望通过对区域内水资源含量范围及其他相关数据信息加以全面采集与准确分析，制定最优的水资源利用方案。为实现上述目标，工作人员需要在水利工程信息化中运用GIS技术，借助地理空间信息采集功能来更加全面地获取区域内的水资源水量、位置、环境等信息数据，再通过遥感技术对当地气候条件、环境特征及影响水资源的各种因素等加以合理分析，最后制定出科学、可行的水资源利用调配方案，进一步提高水资源的利用效率。另外，GIS技术与现代信息技术的结合，可以实现三维模型的构建，在水利工程信息化中对水资源调配与集合的全过程进行科学验算，从而实现对区域内水资源的优化合理配置，充分发挥水利工程的作用。

（二）GIS技术在水利工程信息化中的具体应用

1. 工程项目选址方面

对于水利工程项目建设位置的选择，相关部门可以借助GIS技术对立体空间进行合理、精准的分析，从而找出最佳的建设地址，具体涉及以下两个方面的内容。

一是空间信息的应用。将GIS技术应用到水利工程信息化中，可以借助遥感技术来获取图片、视频等资料，还可以精准地呈现出地球表面的细微纹理，有效提高数据的真实性与准确性。基于区域内的用水标准，最好采用无人机及其他先进设备来采集指定位置的影像资料。在应用已获取的各类数据资料时，相关人员必须对这些数据资料的真实性、准确性加以校验，且进行相应的转换，再从地面某点具体的经纬度转换至对应的坐标系统中。通常而言，应利用高程模型辅助校验方式对其中存在的干扰因素进行消除，保证影像资料和空间内部的数字信息相一致。同时，相关人员应根据水利工程的建设需求，借助GIS技术来采集特殊位置的图形数据，包括土地应用分布情况、水资源分布情况、地区交通状况、水利工程建设区范围内的交界位置等，这些数据均能为水利工程建设提供必要的参考依据，增强空间处理能力。

二是GIS空间技术的应用。在获得全面的空间数据资料以后，就需要借助GIS空间技术来进行分析，获得准确的分析结果，从而为水利工程项目选址提供更加科学的参考信息。相关操作包括水利工程输水线路的分布和洪水破坏面积分析。对于水利工程输水线路分布，在水利工程的前期规划设计环节，设计工程师可通过将信息技术与GIS技术相结合，明确空间中的点、线及面等多项元素，然后借助矢量图直观呈现水利工程线路变化情况，以便设计工程师制订出最优的建设方案。

基于此，在水利工程项目选址过程中，设计工程师需要借助综合水动力、高程模型信息及GIS技术对各项数据信息进行整合分析，明确区域内洪水的破坏范围，并准确分析洪水灾害的发生会给区域内居民造成的直接经济损失和对自然生态环境的危害，以及治理洪水灾害需要投入的成本等。从具体数据来看，主要涉及洪水破坏区域的水深、水库的最大储水量、水资源分布情况等。最后，结合上述数据信息来选择最适宜的水利工程建设位置。

2. 防洪减灾方面

近年来，由于受到人为活动等多方面因素的影响，我国一部分地区在雨季频繁发生洪涝自然灾害，这严重威胁到当地居民的生命财产安全，也破坏了社会秩序的稳定。在新时代背景下，传统的围堵治理洪水的方法已经不能对水资源进行有效管控，人们对水资源的管理提出了更高的要求，应当摒弃单纯的围堵治理，逐步深入管理层面。水利部门应根据区域内年度降水变化情况，构建完善、合理的内部水利工程信息管理网，重点关注地域洪涝灾害发生情况。

GIS技术在水利工程防洪减灾方面的应用，主要涉及以下四个方面：①各地区水利部门应在国家相关政府机构的指导下，基于GIS技术开展地域洪涝灾害治理工作，即利用GIS技术来完成数据的分析、整理、归类、查询、升级等工作，从而为汛情信息的发布、治理策略的制定提供有效的参考。②通过发挥GIS技术所具备的立体空间问题整合能力，利用信息技术的可视化功能，为水利部门作出正确洪涝灾害治理决策提供有力的信息支持，提高洪涝灾害预警与防汛效果。③对洪涝灾害的破坏情况进行预先评估。水利部门可利用GIS技术所具备的可视模拟功能及高效分析处理功能，从地形、社会、经济建设等层面对各项数据信息进行整合和分析，收集洪涝灾害的各方面破坏和影响，然后结合这些数据信息对洪涝灾害破坏情况进行模拟分析，最后将其直观地呈现出来，辅助完成科学、准确的决策。④判断可能存在的风险及成因。水利部门利用GIS技术所具备的各类信息数据的管控功能、特定区域内信息数据的采集与整合功能、部分特殊图形处理功能等，对水利工程所在区域洪涝灾害发生的概率及破坏范围的大小进行准确分析，最后结合分析结果制定有针对性的洪涝灾害防御与治理措施。

综上所述，在水利工程信息化中运用GIS技术，既有助于建立一些基础性的防洪体系，又能够完成区域水文变化的预警分析、暴雨出现的时间与空间判断、市政排水管道等基础设备的调控等，从而实现防洪减灾的目标。

3. 水资源管理方面

目前，我国水资源的管理，存在类别多样化、时间范围广、信息渠道多等特点。为进一步优化和完善我国水资源管理体系，实现对水资源的高效利用，水利部门需要将GIS技术应用到水利工程信息化中，获取更加全面的数据信息，利用不同的展现模式还原区域内不同资源的真实分布情况，实现对地域的分模块管控，如水环境区划、地下水禁采区划等，从而更加直观、全面地掌握区域内水资源的变化情况，并对水资源分布、管理等情况进行在线实景模拟，最终制定更加科学、合理的水利工程建设与运营方案，实现对水资源的有效管理。

4. 水环境和水土保持方面

在水利工程信息化中，水利部门可在GIS技术的辅助下结合区域内水资源分布情况，构建相应的信息管理体系，获取水利工程所在区域的自然生态环境情况、水源质量情况，然后对相关数据信息进行正确分析，明确影响水环境的不良因素，并对区域内水源质量变化趋势进行模拟分析，提出有针对性的水利工程管理策略，如加强城市水资源污染管理、完善用水管控等，最终实现对区域水环境的有效保护。另外，针对水土流失的治理，水利部门可将GIS技术和先进的信息技术相结合，对水利工程从建设到投入使用过程中的水土保持情况进行全过程监管，及时发现问题，并采取相应的措施进行处理。

第九章　大数据技术

第一节　大数据的数据获取

一、数据的分类

（一）数据获取

数据的分类方法有很多种，按数据形态可以分为结构化数据和非结构化数据两种。结构化数据如传统的数据仓库（Data Warehouse）数据；非结构化数据有文本数据、图像数据、自然语言数据等。

结构化数据和非结构化数据的区别从字面上就很容易理解。结构化数据的结构固定，每个字段有固定的语义和长度，计算机程序可以直接处理；而非结构化数据，计算机程序无法直接处理，需先对数据进行格式转换或信息提取。

按数据的来源和特点，数据又可以分为网络原始数据、用户面详单信令、信令数据等。例如，运营商数据是一个数据集成，包括用户数据和设备数据。运营商的数据有如下特点：①数据种类复杂，结构化、半结构化、非结构化数据都有。运营商的设备基于传统设计的原因，很多都是根据协议来实现的，所以数据的结构化程度比较高，结构化数据易于分析，这点相比其他行业有天然的优势。②数据实时性要求高，如信令数据都是实时消息，如果不及时获取就会丢失。③数据来源广泛，各个设备数据产生的速度及传送速度都不一样，因而数据关联是一大难题。

让数据产生价值的第一步是数据获取，下面介绍数据获取和数据分发的相关技术。

（二）数据获取组件

数据的来源不同，数据获取涉及的技术也不同。很多数据产生于网络设备，用户会看到电信特有的探针技术以及为获取网页数据常用的爬虫、采集日志数据的组件Flume；数据获取之后，为了方便分发给后面的系统处理。本部分介绍常用的Kafka消息中间件。

从Kafka官方网站可以看到它的生态范围非常广，覆盖从发行版、流处理对接、Hadoop集成、收索集成到周边组件的范围，如管理、日志、发布、打包、AWS集成等。

二、数据获取探针

（一）探针原理

打电话、手机上网的背后所承载的是路由器、交换机等设备的数据交换。从网络的路由器、交换机上把数据采集下来的专有设备是探针。根据探针放置的位置不同，可分为内置探针和外置探针两种。

内置探针：探针设备和通信商已有设备部署在同一个机框内，直接获取数据。

外置探针：在现实网络中，大部分网络设备早已经部署完毕，无法移动原有网络，这时就需要外置探针。外置探针主要由以下几个设备组成。

Tap/分光器：对承载在铜缆、光纤上传输的数据进行复制，并且不影响原有两个网元间的数据传输。

汇聚LAN Switch：汇聚多个Tap/分光器复制的数据，上报给探针服务器。

探针服务器：对接收到的数据进行解析、关联等处理，生成外部数据表示（External Data Representation，XDR），并将XDR上报给分析系统，作为其数据分析的基础。

分光器获取到数据网络中各个接口的数据，然后发送到探针服务器进行解析、关联等处理。经过探针服务器解析、关联的数据，最后发送到统一分析系统中进行进一步的分析。

（二）探针的关键能力

1. 大容量

探针设备需要和电信已有的设备部署在一起。一般来说，原有设备的机房空间有限，所以探针设备的高容量、高集成度是非常关键的能力。

探针负责截取网络数据并解析出来，其中最重要的是转发能力，这对网络的要求很高。高性能网络是大容量的保证。

2. 协议智能识别

传统的协议识别方法采用浅层包检测（Shallow Packet Inspection，SPI）技术。SPI对IP包头中的“5 Tuples”，即“五元组（源地址、目的地址、源端口、目的端口及协议类型）”信息进行分析，来确定当前流量的基本信息。传统的IP路由器正是通过这一系列信息来实现一定程度的流量识别和服务质量（Quality of Service，QoS）保障的，但SPI仅仅分析IP包四层以下的内容，根据TCP/UDP的端口来识别应用。这种端口检测技术检测效率很高，但随着IP网络技术的发展，其适用的范围越来越小，目前仍有一些传统网络应用协议使用固定的知名端口进行通信。因此，对这一部分网络应用流量，可以采用端口检测技术进行识别。例如，DNS协议采用53端口，BGP协议采用179端口，微软远程过程调用（MSRPC）采用135端口。

许多传统和新兴应用采用了各种端口隐藏技术来逃避检测，如在8000端口上进行HTTP通信、在80端口上进行Skype通信、在2121端口上开启FTP服务等。因此，仅通过第四层端口信息已经不能真正判断流量中的应用类型，更不能应对基于开放端口、随机端口甚至采用加密方式进行传输的应用类型。要识别这些协议，无法单纯依赖端口检测，必须在应用层对这些协议的特征进行识别。

除了逃避检测的情况外，目前还出现了运营商和OTT（Over-The-Top）合作的场景，如社交网站的包月套餐。在这种情况下，运营商可以基于OTT厂商提供的IP、端口等配置信息进行计费。但是这种方式有很大的限制，如系统配置的IP和端口数量有限、OTT厂商经常改变或者增加服务器造成频繁修改配置等。协议智能识别技术能够深度分析数据包所携带的L3～L7/L7+的消息内容、连接的状态/交互信息（如连接协商的内容和结果状态、交互消息的顺序等）等，从而识别出详细的应用程序信息（如协议和应用的名称等）。

3. 安全的影响

探针的核心能力是获取通信的数据，但随着越来越多的网站使用HTTPS/QUIC（Quick UDP Internet Connection，基于UDP的低时延互联网传输协议）加密L7协议，传统的探针能力受到极大的限制，因而无法解析L7协议的内容。

例如，想要分析YouTube的流量，只有通过解析L7协议才能知道用户访问的是YouTube。所以，加密之后会影响探针的解析能力，很多业务就无法进行。

现在，业界尝试使用深度学习来识别协议，如奇虎360设计了一个5～7层的深度神经网络，能够自动学习特征并识别每天数据中的50～80种协议。

4. InfiniBand 技术

传统的TCP/IP网络无法满足高效转发的需求，因此需要更高速度、更大带宽、更高效率的InfiniBand（IB）网络。

（1）什么是InfiniBand技术

InfiniBand架构是一种支持多并发链接的“转换线缆”技术。在这种技术中，仅有一个链接的时候运行速度是500MB/s，在有四个链接的时候运行速度是2GB/s，在有十二个链接的时候运行速度可以达到6GB/s。IBTA成立于1999年8月31日，由Compaq、惠普、IBM、戴尔、英特尔、微软和Sim七家公司牵头，共同研究高速发展的、先进的I/O标准。最初命名为System I/O，1999年10月正式更名为InfiniBand。InfiniBand是一种长缆线的连接方式，具有高速、低延迟的传输特性。

InfiniBand在服务器系统内部的应用并没有发展起来，原因在于英特尔和微软公司在2002年就退出了IBTA。在此之前，英特尔公司早已另行倡议Arapahoe，也被称为3GIO（3rd Generation I/O，第三代I/O），即今日的总线和接口标准（Peripheral Component Interconnect Express，PCI–E）。经过InfiniBand、3GIO一年的并行，英特尔公司最终选择了PCI–E。因此，现在InfiniBand的应用，主要是服务器集群、系统之间的互联。

（2）InfiniBand速度快的原因

随着CPU性能的飞速发展，I/O系统的性能成为制约服务器性能发展的因素，于是人们开始重新审视使用了十几年的PCI总线架构。虽然PCI总线架构把数据的传输从8位/16位一举提升到32位，甚至当前的64位，但是它的一些先天劣势限制了其继续发展的势头。PCI总线架构有以下四个方面的缺陷：①由于采用了基于总线的共享传输模式，在PCI总线上不可能同时传送两组以上的数据，当一个PCI设备占用总线时，其他设备只能等待。②随着总线频率从33MHz提高到66MHz，甚至133MHz（PCI–X），信号线之间的相互干扰变得越来越严重，在一块主板上布设多条总线的难度也就越来越大。③由于PCI设备采用了内存映射I/O

地址的方式建立与内存的联系，热添加PCI设备变成了一项非常困难的工作。目前的做法是在内存中为每个PCI设备划出一块50～100MB的区域，用户是不能使用这段空间的。因此，如果一块主板上支持的热插拔PCI接口越多，用户损失的内存就越多。④PCI总线上虽然有Buffer作为数据的缓冲区，但是它不具备纠错的功能。如果在传输过程中发生了数据丢失或损坏的情况，那么控制器只能触发一个非屏蔽中断来通知操作系统在PCI总线上发生了错误。

（3）InfiniBand介绍

①InfiniBand架构。InfiniBand采用双队列程序提取技术，使应用程序直接将数据从适配器送入应用内存远程直接存储器存取（RDMA）；反之亦然。在TCP/IP协议中，来自网卡的数据先复制到核心内存，再复制到应用存储空间，或从应用存储空间将数据复制到核心内存，再经由网卡发送到因特网。这种I/O操作方式始终需要经过核心内存的转换，不仅增加了数据流传输路径的长度，而且大大降低了I/O的访问速度，增加了CPU的负担。而服务设计包（Service Design Package，SDP）则是将来自网卡的数据直接复制到用户的应用存储空间，从而避免了核心内存的参与。这种方式被称为零拷贝，它可以在进行大量数据处理时，达到该协议所能达到的最大吞吐量。

InfiniBand的协议采用分层结构，各个层次之间相互独立，下层为上层提供服务。其中，物理层定义了在线路上如何将比特信号组成符号，然后组成帧、数据符号及包之间的数据填充等，详细说明了构建有效包的信令协议等；链路层定义了数据包的格式及数据包操作的协议，如流控、路由选择、编码、解码等；网络层通过在数据包上添加一个40字节的全局的路由报头（GRH）来进行路由的选择，对数据进行转发，在转发过程中，路由器仅仅进行可变的循环冗余校验（CRC），这样就保证了端到端数据传输的完整性；传输层再将数据包传送到某个指定的队列偶（QP），并指示QP如何处理该数据包，以及当信息的数据净核部分大于通道的最大传输单元（Maximum Transmission Unit，MTU）时，对数据进行分段和重组。

②InfiniBand基本组件。InfiniBand的网络拓扑结构组成单元主要分为四类。

HCA（Host Channel Adapter）。它是连接内存控制器和TCA的桥梁。

TCA（Target Channel Adapter）。它将I/O设备（如网卡、SCSI控制器）的数

字信号打包发送给HCA。

InfiniBandlink。它是连接HCA和TCA的光纤。InfiniBand架构允许硬件厂家以一条、四条、十二条光纤三种方式连接TCA和HCA。

交换机和路由器。

无论是HCA还是TCA，其实质都是一个主机适配器，是一个具备一定保护功能的可编程直接内存存取（Direct Memory Access，DMA）引擎。

③InfiniBand应用。在高并发和高性能计算应用场景中，当客户对带宽和时延都有较高的要求时，前端和后端均可采用InfiniBand组网，前端网络也可采用10Gbit/s以太网。因为InfiniBand具有高带宽、低时延、高可靠性及满足集群无限扩展需求的特点，并采用RDMA技术和专用协议卸载引擎，所以能为存储客户提供足够的带宽和更低的响应时延。

InfiniBand目前可以实现及未来规划的更高带宽工作模式如下（以4X模式为例）。

SDR（Single Data Rate）：单倍数据率，即8Gbit/s。

DDR（Double Data Rate）：双倍数据率，即16Gbit/s。

QDR（Quad Data Rate）：四倍数据率，即32Gbit/s。

FDR（Fourteen Data Rate）：十四倍数据率，即56Gbit/s。

EDR（Enhanced Data Rate）：100Gbit/s。

HDR（High Data Rate）：200Gbit/s。

NDR（Next Data Rate）：1000Gbit/s+。

（4）InfiniBand常见的运行协议

①IPoIB协议。Internet Protocol over InfiniBand，IPoIB。传统的TCP/IP栈的影响实在太大了，几乎所有的网络应用都是基于此开发的，IPoIB实际是InfiniBand为了兼容以太网不得不做的一种折中操作，毕竟谁也不愿意使用不兼容大规模已有设备的产品。IPoIB基于TCP/IP协议，对于用户应用程序是透明的，并且可以提供更大的带宽，也就是原先使用TCP/IP协议栈的应用不需要任何修改就能使用IPoIB协议。例如，如果使用InfiniBand做实时应用集群（RAC）的私网，默认使用的就是IPoIB协议。

②RDS协议。Reliable Datagram Sockets，RDS。实际是由甲骨文公司研发的

运行在InfiniBand之上的、直接基于IPC的协议。之所以出现这样一种协议，根本原因在于传统的TCP/IP栈本身过于低效，高速互联开销太大，传输的效率太低。RDS相比IPoIB，CPU的消耗量减少了50%；相比传统的用户数据报协议（User Datagram Protocol，UDP），网络延迟减少了一半。在默认情况下，RDS协议不会被使用，需要进行额外的relink（重新链接）。另外，即使重新链接RDS库以后，RAC节点间的CSS通信也无法使用RDS协议，节点间的心跳维持及监控都采用IPoIB协议。

除了上面介绍的IPoIB、RDS协议外，还有SDP、ZDP、IDB等协议。OradeExadata一体机为达到较高的性能，也使用了InfiniBand技术。

（5）InfiniBand在Linux上的配置

RedHat产品是从RedHat Enterprise Linux 5.3开始正式在内核中集成对InfiniBand网卡的支持的，并且将InfiniBand所需的驱动程序及库文件打包到发行的CD中。所以，对于有InfiniBand应用需求的RedHat用户来说，建议采用RedHat Enterprise Linux 5.3及以后的系统版本。

①安装InfiniBand驱动程序。在安装InfiniBand驱动程序之前，先确认InfiniBand网卡已经被正确地连接或分配到主机，然后从RedHat Enterprise Linux 5.3的发行CD中获得Tablel中给出的RPM文件，并根据上层应用程序的需要，选择安装相应的32位或64位软件包。

另外，对于不同类型的InfiniBand网卡，还需要安装一些特殊的驱动程序。例如，对于Galaxyl/Galaxy2类型的InfiniBand网卡，就需要安装ehca相关的驱动。

②启动openibd服务。在RedHat Enterprise Linux 5.3系统中，openibd服务在默认情况下是不打开的，所以在安装完驱动程序后，在配置IPoIB网络接口之前，需要先启动openibd服务以保证相应的驱动被加载到系统内核。

第二节　数据的可视化分析

一、绘图基础分析

数据的直观印象通常来自关于数据的各种图形，即通过数据可视化，利用各种图形直观展示数据的分布特点，包括单个数值型变量或分类型变量的统计分布特征、多个变量的联合分布特征，以及变量间的相关性等方面。这是获得数据直观印象的思路和主体脉络，也是数据挖掘的重要方面。

R的图形绘制功能强大，图形种类丰富，在数据可视化方面优势突出。基础包中的绘图函数一般用于绘制基本统计图形，大量绘制各类复杂图形的函数一般包含在共享包中。为此，需首先掌握以下基本知识。

（一）R的数据可视化平台

R的数据可视化平台是图形设备和图形文件。

R的图形并不显示在R的控制台中，而是默认输出到一个专用的图形窗口中。这个图形窗口被称为K的图形设备。R允许多个图形窗口同时被打开，图形可分别显示在不同的图形窗口中，即允许同时打开多个图形设备以显示多组图形。为此，图形设备管理就显得较为重要。

R的每个图形设备都有自己的编号。当执行第一条绘图语句时，第一个图形设备被自动创建并打开，其编号为2（1被空设备占用）。后续创建打开的图形设备将依次编号为3、4、5等。某一时刻只有一个图形设备能够“接收”图形，该图形设备被称为当前图形设备。换言之，图形只能输出到当前图形设备中。若希望图形输出到其他某个图形设备中，则必须指定它为当前图形设备。

此外，不仅图形窗口是一种图形设备，图形文件也是一种图形设备。在R中如果希望将图形保存到某种格式的图形文件中，则需指定该图形文件为当前图形设备。于是，后续所有图形将被保存到指定格式的指定文件中。若不再保存图形到图形文件，则需利用关闭当前图形设备，即关闭当前图形文件，后续所有图形将自动显示到新的图形窗口（图形设备）中。

（二）R的图形组成和图形参数

R的图形由多个部分组成，主要包括主体、坐标轴、坐标标题、图标题四个必备部分。绘制图形时，一方面应提供用于绘图的数据，另一方面还需对图形各部分的特征加以说明。

尽管图形各组成部分有默认的特征取值，R为图形参数值，但默认的图形参数值不可能完全满足用户的个性化需要。所以，根据具体情况设置和调整图形参数的参数值是必要的。

R的图形参数与图形的组成部分相对应，各图形参数均有各自固定的英文表述。图形参数取不同的参数值，所呈现出来的图形特征也就不同。归纳起来，与图形必备部分相对应的图形参数主要有四大类。

1. 图形主体部分的参数

图形主体部分的参数见表9-1。

col颜色包括灰色系和其他颜色系。灰色系的表示方式为：col=gray（灰度值），灰度值在0~1范围内取值，值越大灰度越浅。其他颜色系的表示方式为：col=色彩编号，不同编号对应不同的颜色；或者col=rainbow（ra），即利用rainbow函数自动生成n个色系上相邻的颜色；或者col=rgb（），即利用调色板生成各种颜色。

表9-1　图形主体部分的参数

类别	特征	表述
符号	类型	pch
	大小	cex
	填充色	bg
线条	线型	lty
	宽度	lwd
颜色	颜色	col

2. 坐标轴部分的参数

坐标轴部分的参数见表9-2。

表9-2　坐标轴部分的参数

类别	特征	表述
刻度	位置	At
	长度和方向	Tcl
刻度范围	横坐标范围	Xlim
	纵坐标范围	Ylim
刻度文字	文字内容	label
	文字颜色	col.axis
	文字大小	cex.axis
	文字字体	font.axis

3. 坐标标题部分的参数

坐标标题部分的参数见表9–3。

表9–3　坐标标题部分的参数

类别	特征	表述
标题内容	横坐标内容	xlab
	纵坐标内容	ylab
标题文字	文字颜色	col.lab
	文字大小	cex.lab
	文字字体	font.lab

4. 图标题部分的参数

图标题部分的参数见表9–4。

表9–4　图标题部分的参数

类别	特征	表述
标题内容	主标题内容	main
	副标题内容	sub
主标题文字	文字颜色	col.main
	文字大小	cex.main
	文字字体	font.main
副标题文字	文字颜色	col.sub
	文字大小	cex.sub
	文字字体	font.sub

（三）R的图形边界和布局

图形边界是指图形四周空白处的宽度，表述为mai或mar，它们均为包含四个元素的向量，依次设置图形下边界、左边界、上边界、右边界的宽度。mai的计量单位为英寸（约为2.54厘米），mar的计量单位为英分（英寸的八分之一）。

所谓图形布局是指，对于多张有内在联系的图形，若希望将它们共同放置在一张图上，应按怎样的布局去组织它们。具体来讲，就是将整个图形设备划分成几行几列，按怎样的顺序摆放各个图形，各个图形上下左右的边界是多少等。设置图形布局的函数为par，基本书写格式如下。

par（mfrow=c（行数，列数），mar=c（n_1，n_2，n_3，n_4））

或者

par（nfcol=c（行数，列数），mar=c（n_1，n_2，n_3，n_4））

其中，行数和列数分别表示将图形设备划分为指定的行和列。mfrow表示逐行按顺序摆放图形，nfcol表示逐列按顺序摆放图形；mar参数用来设置整体图形的下边界、左边界、上边界、右边界的宽度，分别为n_1，n_2，n_3，n_4。

par函数设置的图形布局较为规整，各图形按行列单元格依次放置。若希望图形摆放更加灵活，可利用layout函数进行布局设置。为此，需要首先定义一个布局矩阵，然后调用layout函数设置布局，最后显示图形布局。

第一步，定义布局矩阵。

布局矩阵的定义仍采用matrix函数，不同的是矩阵元素值表示图形摆放顺序，0表示不放置任何图形。

例如，图形布局为2行2列，且第1行放置第一幅图（该图较大，需横跨第1、2列），第2行的第2列放置第二幅图。

MyLayout<-matrix（c（1，1，0，2），nrow=2，ncol=2，byrow=TRUE）

MyLayout

[，1]　[，2]

[1，]　　1　　1

[2，]　　0　　2

第二步，设置布局对象。

调用layout函数设置图形的布局对象，基本书写格式如下。

layout（布局矩阵名，widths=各列图形宽度比，heights=各行图形高度比，respect=TRUE/）

其中，布局矩阵名是第一步的矩阵名（如上例的MyLayout）；widths参数以向量形式从左至右依次给出各列图形的宽度比例；heights参数以向量形式从上至下依次给出各行图形的高度比例；respect取TRUE表示所有图形具有统一的坐标刻度单位，允许不同图形有各自的坐标刻度单位。

例如，依据第一步的布局矩阵设置图形布局。

DrawLayout<-layout（MyLayout，widths=c（1，1），heights=c（1，2），respect=TRUE）

该设置表明，两列图有相同的宽度，均为1份宽。第1行的图形高度为1份，第2行的高度为2份。

第三步，显示图形布局。

调用layout，show函数，基本书写格式如下。

layout，show（布局对象名）

其中，布局对象名是第二步的布局对象。

例如，显示图形布局。

layout，show（DrawLayout）

于是，R将自动打开一个图形设备，显示的图形布局如图9-1所示。其中，1的位置放置第一幅图，2的位置放置第二幅图，无数字的位置不放置图形。

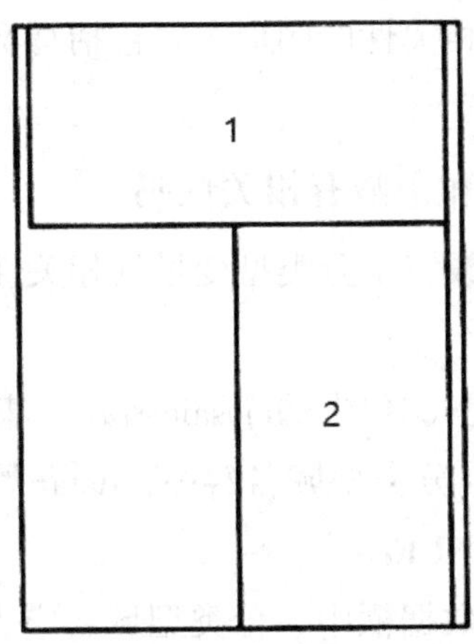

图9-1　图形布局示例

以上五大类参数均有默认的参数值。函数par（）可看到当前的默认值。

（四）如何修改R的图形参数

修改图形参数值有两种方式。

第一，若希望后续均以统一指定的参数值绘图，则需在绘图之前利用par函数做参数值的设置。

例如，par（pch=3，lty=2，mar=c（1，0.5，1，2）），则后续绘制的所有图形的符号均为加号，线型均为点线，图形的下边界、左边界、上边界、右边界的宽度依次为1英分，0.5英分，1英分，2英分（1英分=3.175毫米）。若要还原到原先的参数值，则需在修改参数值之前保存原参数到R对象。

例如：

```
DrawP<-par（）                          #保存原始参数值
par（pch=3，lty=2，mar=c（1，0.5，1，2））       #修改参数值
par（DrawP）                            #还原参数值
```

第二，设置绘图函数中的参数。

R有很多绘制各类图形的绘图函数，这些函数本身支持对上述大部分图形参数的设置。如果在这些函数中设置图形参数，则参数只在函数中有效。函数一旦执行完毕，图形参数将自动还原为默认值。

二、变量分布特征的可视化分析

直观展示不同变量之间相关性的图形主要包括马赛克图、散点图以及相关系数图等。

（一）马赛克图：车型和车龄有相关性吗

马赛克图用于展示两个或三个分类型变量的相关性。因图中格子的排列形似马赛克而得名。

绘制马赛克图的R函数是vcd包中的mosaic函数，基本书写格式如下。

```
mosaic（～分类型域名1+分类型域名2+…，data=数据框名，
shade=TRUE/，legend=TRUE/）
```

其中，数据组织在指定数据框中，分类型域名应为因子。参数shade取TRUE表示以灰度的深浅代表列联表中观测频数与期望频数的差值大小，差值绝对值越大，灰度越深；差值绝对值越小，灰度越浅。参数legend取TRUE时，表示显示灰度图例，以及皮尔森（pearson）卡方检验统计量的概率P值。

（二）散点图

散点图将观测数据以点的形式绘制在一个二维平面中，通过数据点分布的形

状展示两个或多个数值型变量间的相关性特点。散点图分为简单散点图、三维散点图和气泡图、矩阵散点图、分组散点图等。

1. 简单散点图

绘制简单散点图的函数是plot。由于plot函数属于泛型函数，应用非常灵活，应重点关注其参数的设定。利用plot绘制散点图时，函数的基本书写格式如下。

plot（x=数值型向量1，y=数值型向量2）

或

plot（域名2~域名1，data=数据框名）

其中，数值型向量1（域名1）和数值型向量2（域名2）分别作为散点图的横坐标和纵坐标。第一种格式较为直接，容易理解；第二种格式采用了R公式的写法，~符号前的作为纵坐标，~符号后的作为横坐标，数据组织在data参数指定的数据框中。

被解释变量是散点图中纵坐标对应的变量，解释变量是横坐标对应的变量。因这些变量已存储在数据框中，这里只需依次给出对应的域名即可；data参数指定数据框名。lm函数的返回值是个列表，其中包括一个名为coefficients的成分，是一个向量，存储了线性回归直线的截距值和斜率值。

局部加权散点平滑法的主要思想是，不同于一般线性回归法中依赖全部观测数据建模，局部加权散点平滑法总是取一定比例的局部数据，在这部分子集中拟合多项式回归曲线，以展示数据的局部规律和趋势。若将局部范围从左往右依次推进，最终一条连续的曲线就可被平滑出来。当无法确定数据之间的相关性是否呈现或是否总是呈现出线性关系时，可采用这种方法得到回归线。R中的loess函数是对局部加权散点平滑法lowess函数的修正，更为常用，基本书写格式如下。

loess（被解释变量名~解释变量名，data=数据框名）

loess函数的返回值是个列表，其中名为fitted的成分存储了模型计算出的各观测被解释变量的预测值。

第二步，将回归线添加到已有的散点图上。

对于采用一元线性回归法得到的回归线，因是一条直线，添加时可采用abline函数，基本书写格式如下。

abline（数值型向量）或abline（*h*=纵坐标值）或abline（*v*=横坐标值）

其中，数值型向量应依次存储回归直线的截距值和斜率值；参数*h*用于指定纵坐标取值，直线平行于x轴；参数v用于指定横坐标取值，直线平行于y轴。

对于采用局部加权散点平滑法得到的回归线，因为一条曲线，添加时一般采用lines函数，并给出曲线中各点的横、纵坐标。

当观测样本量较大时，所绘制的散点图可能会出现数据点非常集中，很多数据点重叠在一起的现象，这样的散点图被称为高密度散点图。由于高密度散点图中的点大量重合叠加，不利于直观展示变量间的相关性特征，需对其作进一步的处理，主要有以下两种方式。

第一，增加数据，减少数据点的重叠，可利用前面讨论的jitter函数实现。

第二，利用色差突出散点图中的数据密集区域，明晰散点图的整体轮廓。为此，可使用smoothScatter函数绘制散点图，基本书写格式如下。

smoothScatter（x=横坐标向量，y=纵坐标向量）

该函数自动将一定范围内的数据点并为一组，被称为分箱。最终数据点将被分成若干个箱子。用颜色的深浅表示箱中数据点的多少。

此外，与第二种处理方式类似的函数是hexbin包中的hexbin函数。它首先对数据进行分箱处理，用正六边形形象地表示各个箱体，并用灰度值表示箱内的数据点个数。hexbin函数的基本书写格式如下。

hexbin（数值型向量1，数值型向量2，xbins=箱数）

其中，数值型向量1、数值型向量2分别为散点图中横坐标和纵坐标上的变量；参数xbins指定将横坐标变量取值分成几组，它决定了箱体的长度和宽度。

2. 三维散点图和气泡图

三维散点图在展示两数值型变量相关性的同时，还希望体现第三个变量的取值状况。绘制三维散点图的函数是scatterplot3d包中的scatterplot3d函数，首次使用该包时应下载安装，并加载到R的工作空间中。scatterplot3d的基本书写格式如下。

scatterplot3d（数值型向量1，数值型向量2，数值型向量3）

其中，三个数值型向量分别对应x轴，y轴，z轴的变量。

若三维散点图对第三个变量取值大小的体现尚不十分清晰，可引入气泡图。在绘制两个变量的散点图时，气泡图各个数据点的大小取决于第三个变量的取值。

第三个变量取值不同，数据点的大小也就不同，形如大小不一的一组气泡。

绘制气泡图的函数是symbols，基本书写格式如下。

symbols（向量1，向量2，circle=向量名3，inches=计量单位，fg=绘图颜色，bg=填充色）

其中，向量1、向量2分别对应横坐标和纵坐标上的变量；参数inches用于指定气泡大小的计量单位，默认为英寸；fg用于指定绘制气泡的颜色；bg用于指定气泡填充色。

3. 矩阵散点图

矩阵散点图用于在一幅图上同时展示多对数值型变量的相关性。绘制矩阵散点图的函数是pairs，基本书写格式如下。

pairs（~域名1+域名2+…+域名n，data=数据框名）

其中，第一个参数是R公式的写法，表示分别对指定域两两绘制散点图，并集成在一幅图中。数据已经存放在data指定的数据框中。

数据已经存放在data指定的数据框中。lty.smooth说明在添加以局部加权散点平滑法得到的回归线时，采用怎样的线型；spread参数用于控制是否添加有关数据离散程度等信息的曲线。

4. 分组散点图

若要展示两个数值型变量之间的相关性在不同样本组上的差异，需要绘制分组散点图，也称协同图，可采用coplot函数绘图，基本书写格式如下。

coplot（域名1~域名21分组域名，number=分组数，data=数据框名）

其中，域名1和域名2分别作为散点图的纵坐标和横坐标，是R公式的写法。后跟分组域名，其对应的变量通常是分类型且为因子，当然也可以是数值型变量。当分组变量为数值型时，需通过参数number指定将数值型变量分成几个有重叠的组。如果省略number参数，默认分成6组。参数data用于指定数据框名。该函数首先依据指定的分组变量或分组后的数值型变量，将观测样本分成若干组，之后分别绘制各个组的散点图。分组变量可以是多个，即绘制多个变量交叉分组下的散点图。

（三）相关系数图

相关系数矩阵能够准确反映两两变量线性相关性的强弱，但当这个矩阵较大时，分析起来就不太直观。为此，可基于相关系数矩阵绘制相关系数图。

相关系数图由下三角区域、上三角区域、对角区域三部分组成。区域在这里被称为面板，三个区域也分别被称为下面板、上面板和对角面板。除对角面板外，上、下面板以不同形式直观展示一对变量的相关性强弱。

绘制相关系数图的函数是corrgram包中的corrgram函数，首次使用时应下载安装，并加载到R的工作空间中。corrgram函数的基本书写格式如下。

corrgram（矩阵或数据框列，lower.panel=面板样式，upper.panel=面板样式，text.panel=面板样式，diag.panel=面板样式）。

其中，lower.panel，upper.panel分别为下面板和上面板。text.panel和diag.panel均属于对角面板。面板样式：对角面板可取值为panel.minmax，表不显TK变量的最小值和最大值；panel.txt表示显示变量名。上面板和下面板可取值为NULL，表示空白，不显示任何内容；panel.pie表不显示饼图；panel.shade表示显示阴影；panel.ellipse表示显示椭圆；panel.pts表示不显示散点图。

参考文献

[1] 邵云蛟.计算机信息与网络安全技术[M].南京：河海大学出版社，2020.

[2] 赵丽莉，云洁，王耀棱.计算机网络信息安全理论与创新研究[M].长春：吉林大学出版社，2020.

[3] 耿斌.信息化背景下计算机网络与教育创新研究[M].西安：西北工业大学出版社，2020.

[4] 盛宇.计算机信息检索（第三版）[M].北京：中国铁道出版社有限公司，2020.

[5] 强彦.计算机信息技术导论[M].北京：高等教育出版社，2020.

[6] 徐强，肖杨，迟晓曼.计算机信息技术基础[M].北京：中国水利水电出版社，2020.

[7] 李晓华，张旭晖，任昌鸿.计算机信息技术应用实践[M].延吉：延边大学出版社，2020.

[8] 张福潭，宋斌，陈芬.计算机信息安全与网络技术应用[M].沈阳：辽海出版社，2020.

[9] 庄文雅.通信工程设计实务[M].北京：北京邮电大学出版社，2020.

[10] 王汉杰.专用移动通信工程技术[M].北京：清华大学出版社，2020.

[11] 马敏，阴法明，李洁.光纤通信工程[M].北京：高等教育出版社，2021.

[12] 范磊，王琪，田鹏.通信工程与信号传输[M].北京：北京工业大学出版社，2021.

[13] 李振丰，陈曼，徐志斌.通信工程设计与概预算[M].北京：中国铁道出版社有限公司，2021.

[14] 江楠.计算机网络与信息安全[M].天津：天津科学技术出版社，2021.

[15] 余萍."互联网+"时代计算机应用技术与信息化创新研究[M].天津：天津科学技术出版社，2021.

[16] 张东明.计算机信息技术基础实训教程（第2版）[M].北京：电子工业出版社，2021.

[17] 李正军，李潇然.计算机控制技术[M].北京：机械工业出版社，2022.

[18] 田小东，沈毅，路雯婧.计算机网络技术[M].福州：福建科学技术出版社，2022.

[19] 林凡成，杨久磊，郭洪峰.计算机网络技术[M].济南：山东科学技术出版社，2022.

[20] 牟艳.计算机软件技术基础[M].北京：机械工业出版社，2022.

[21] 王璐，崔丽红.计算机虚拟现实技术[M].延吉：延边大学出版社，2022.

[22] 蒋建峰.计算机网络安全技术研究[M].苏州：苏州大学出版社，2022.

[23] 李彩玲.计算机应用技术实践与指导研究[M].北京：北京工业大学出版社，2022.

[24] 武狄，赵泊宁.计算机数据快速压缩技术的研究[M].北京：中国原子能出版社，2022.

[25] 王威，梁涤青.通信工程专业导论[M].成都：西南交通大学出版社，2022.

[26] 阎嵩，曹伟，游光才.智能化网络工程与通信应用技术[M].哈尔滨：黑龙江科学技术出版社，2022.

[27] 刘春燕，司晓梅.大数据导论[M].武汉：华中科技大学出版社，2022.

[28] 郭畅，杨君普，王宇航，等.大数据技术[M].北京：中国商业出版社，2022.

[29] 童杰，冉孟廷，肖欢.大数据采集与数据处理[M].上海：上海交通大学出版社，2022.

[30] 程显毅，任越美.大数据技术导论（第2版）[M].北京：机械工业出版社，2022.

[31] 罗森林，潘丽敏.大数据分析理论与技术[M].北京：北京理工大学出版社，2022.

[32] 马谦伟，赵鑫，郭世龙.大数据技术与应用研究[M].长春：吉林摄影出版社，2022.

[33] 刘川来，胡乃平.计算机控制技术[M].北京：机械工业出版社，2023.

[34] 田海涛，张懿，王渊博.计算机网络技术与安全[M].北京：中国商务出版社，2023.

[35] 谭英丽，田雪莲，张智恒.人工智能应用技术与计算机教学研究[M].北京：中国商务出版社，2023.

[36] 黄亮.计算机网络安全技术创新应用研究[M].青岛：中国海洋大学出版社，2023.